계산의 신 神

예비초 ①

계산의 신 예비초 ①

검토진

고명한 울산	곽정숙 포항	곽현실 인천	기미나 인천	김대현 서울
김미라 서산	김미희 서울	김민정 울산	김연주 서울	김연후 서울
김영숙 서울	김영희 사천	김예사 제주	렴영순 인천	명가은 서울
민동건 광명	백광일 창원	서평승 부산	엄정은 서울	윤관수 화성
이승우 포항	이유림 울산	이재욱 용인	전우진 파주	정한울 포천
정효석 서울	진성빈 오산	채송화 제주	최홍민 평택	

계산의 신 神

예비초 **1**

구성과 특징

1 학습 내용 미리보기

◆ 본격적인 학습에 들어가기 전, 어떤 내용을 배우게 될지 그림으로 미리 알려 줍니다. 익숙한 상황을 그림을 통해 보면서 학습 동기를 파악할 수 있습니다.

2 개념과 원리 이해

◆ 학습 내용 미리보기를 통해 확인한 예시를 풀어내면서 개념과 연산 과정을 확인하게 해 줌으로 개념과 원리를 쉽게 이해할 수 있습니다.

3 매일 2쪽씩 연산 연습

⬡ 다양한 형태의 문제로 쉽고 재미있게 연산을 할 수 있습니다. 매일 2쪽씩 꾸준히 학습하는 습관을 기르고, 연산의 기본기를 튼튼히 다집니다.

4 학습 진도표

⬡ 매일 문제를 풀면서 학습 진도표에 체크해 보세요. 매일 학습하는 습관과 성취감을 키울 수 있습니다.

차례

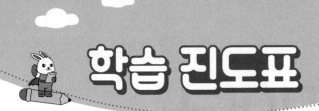

학습 진도표

학습 내용	주/일	계획	확인 ☑
❶ 10까지의 수	1 day	월 일	☐
	2 day	월 일	☐
	3 day	월 일	☐
	4 day	월 일	☐
	5 day	월 일	☐
❷ 10까지 수의 순서	1 day	월 일	☐
	2 day	월 일	☐
	3 day	월 일	☐
	4 day	월 일	☐
	5 day	월 일	☐
❸ 2~5까지의 수 모으기와 가르기	1 day	월 일	☐
	2 day	월 일	☐
	3 day	월 일	☐
	4 day	월 일	☐
	5 day	월 일	☐
❹ 5까지의 덧셈	1 day	월 일	☐
	2 day	월 일	☐
	3 day	월 일	☐
	4 day	월 일	☐
	5 day	월 일	☐
❺ 5까지의 뺄셈	1 day	월 일	☐
	2 day	월 일	☐
	3 day	월 일	☐
	4 day	월 일	☐
	5 day	월 일	☐
❻ 6~9까지의 수 모으기와 가르기	1 day	월 일	☐
	2 day	월 일	☐
	3 day	월 일	☐
	4 day	월 일	☐
	5 day	월 일	☐
❼ 10보다 작은 덧셈	1 day	월 일	☐
	2 day	월 일	☐
	3 day	월 일	☐
	4 day	월 일	☐
	5 day	월 일	☐
❽ 10보다 작은 뺄셈	1 day	월 일	☐
	2 day	월 일	☐
	3 day	월 일	☐
	4 day	월 일	☐
	5 day	월 일	☐

1 10까지의 수

⬡ 닭은 몇 마리인가요?

⬡ 그럼 병아리는 몇 마리가 있나요?

개념과 원리 이해하기

▶ 1~10까지의 수 알아보기

1	2	3	4
일, 하나	이, 둘	삼, 셋	사, 넷

5	6	7	8
오, 다섯	육, 여섯	칠, 일곱	팔, 여덟

9	10
구, 아홉	십, 열

지도 도우미

닭은 3마리, 병아리는 5마리가 있어요. 그림을 보고 하나씩 세어가면서 수를 익힐 수 있게 해주세요. 1에서 10까지의 수를 하나씩 세어가며 따라 읽고, 써보는 연습을 할 수 있도록 지도해 주세요. 이때 읽는 방법이 두 가지임을 알려주세요.

수를 쓰고, 읽어 보세요.

1	일	하나

🌸 수를 쓰고, 읽어 보세요.

 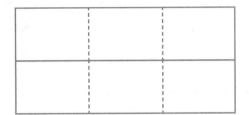

 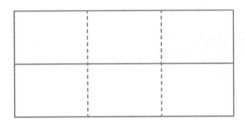

 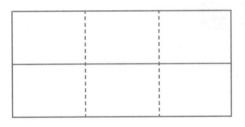

 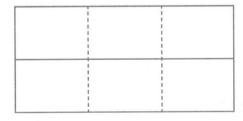

 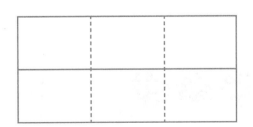

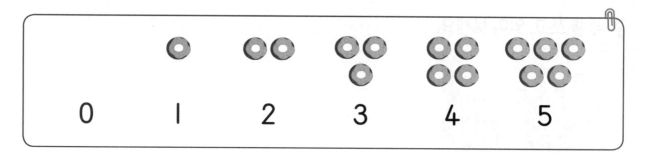

| 0 | 1 | 2 | 3 | 4 | 5 |

 빵의 수를 세어 보고, 알맞은 수에 ○표 하세요.

| 1 | 2 | 3 | 4 | 5 |

| 1 | 2 | 3 | 4 | 5 |

| 1 | 2 | 3 | 4 | 5 |

| 1 | 2 | 3 | 4 | 5 |

| 1 | 2 | 3 | 4 | 5 |

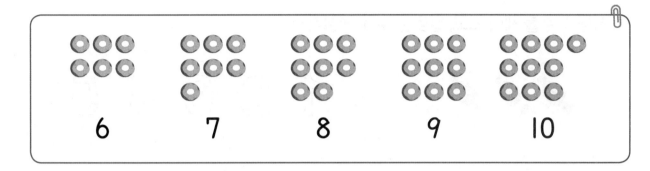

| 6 | 7 | 8 | 9 | 10 |

🐭 케이크의 수를 세어 보고, 알맞은 수에 ◯표 하세요.

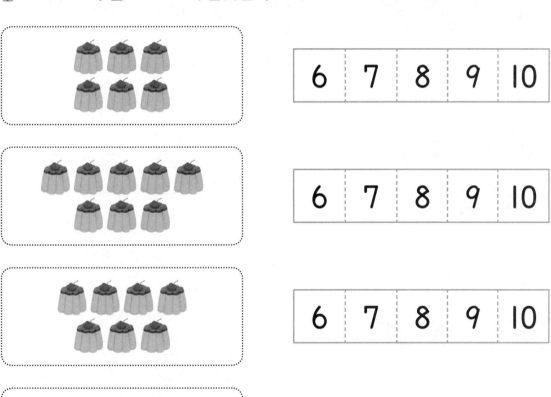

| 6 | 7 | 8 | 9 | 10 |

| 6 | 7 | 8 | 9 | 10 |

| 6 | 7 | 8 | 9 | 10 |

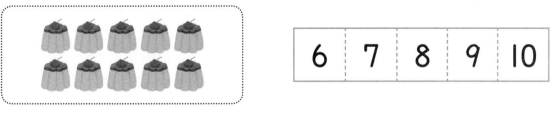

| 6 | 7 | 8 | 9 | 10 |

| 6 | 7 | 8 | 9 | 10 |

O3 DAY

🍭 사탕의 수를 세어 보고, 알맞은 수에 색칠하세요.

1 2 3 4 5

4 5 6 7 8

3 4 5 6 7

4 5 6 7 8

5 6 7 8 9

🍀 사과의 수를 세어 보고, 같은 수를 찾아 줄(—)로 이으세요.

🍎🍎 ————————————————————— 2

3

4

5

6

7

🦋 나비의 수를 세어 보고, ☐ 안에 그 수를 쓰세요.

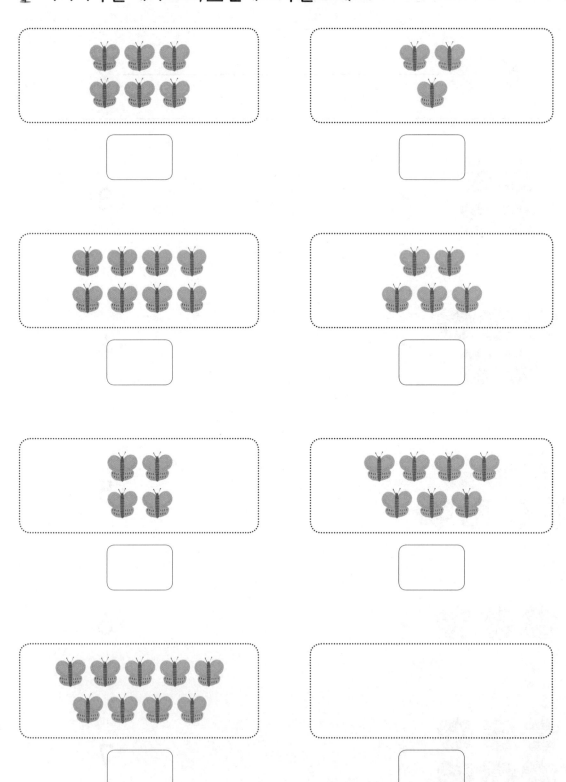

🌸 물건의 수만큼 ◯를 색칠하고, ☐ 안에 그 수를 쓰세요.

 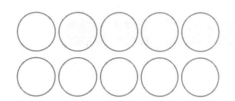

 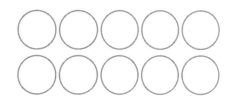

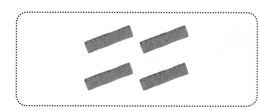 

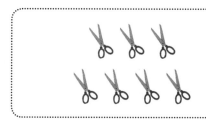 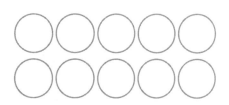

🐰 간식의 수를 세어 보고, ☐ 안에 알맞은 수를 쓰세요.

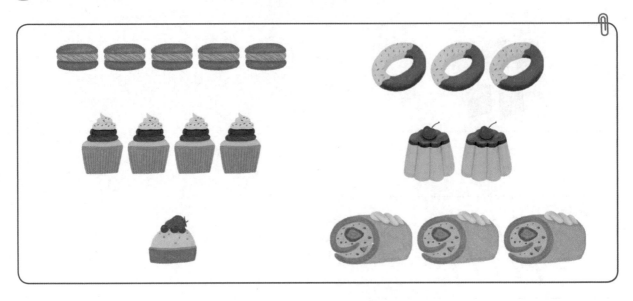

 ☐ ☐

 ☐ ☐

 ☐ ☐

같은 모양의 모자의 수를 세어 보고, ☐ 안에 알맞은 수를 쓰세요.

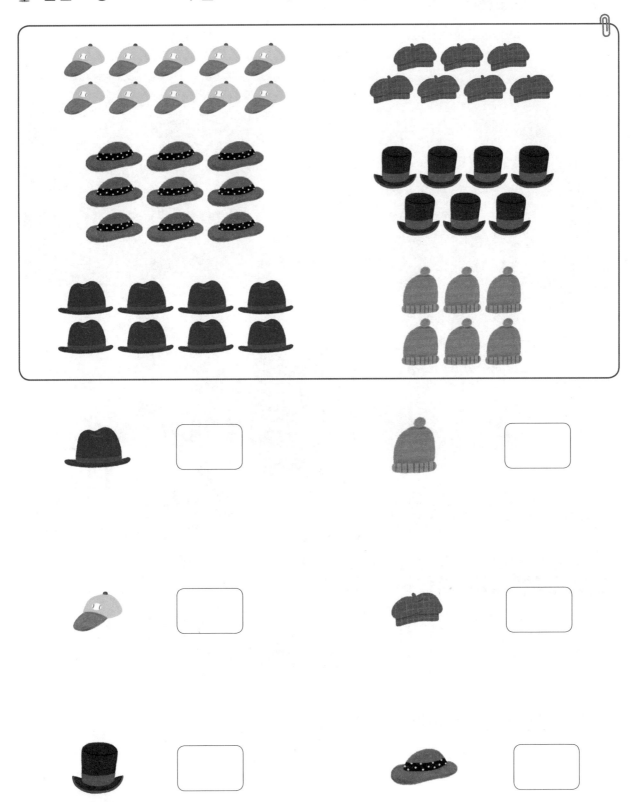

2 10까지 수의 순서

🔹 안경을 쓴 친구는 앞에서 몇째에 있나요?

개념과 원리 이해하기

▶ **10까지 수의 순서**

첫째　둘째　셋째　넷째　다섯째

여섯째　일곱째　여덟째　아홉째　열째

수를 순서대로 읽으면

일 — 이 — 삼 — 사 — 오 — 육 — 칠 — 팔 — 구 — 십 또는

하나 — 둘 — 셋 — 넷 — 다섯 — 여섯 — 일곱 — 여덟 — 아홉 — 열

이라고 읽습니다.

지도 도우미

순서를 나타낼 때는 차례대로 첫째, 둘째, 셋째, 넷째, 다섯째, 여섯째, 일곱째, 여덟째, 아홉째, 열째와 같이 수의 뒤에 '째'를 붙여서 표현하는 것을 알려주세요. 이때 첫째를 '하나째'라고 하지 않도록 지도해 주세요.
또한 순서는 앞, 뒤와 같은 기준에 따라서 같은 위치에서도 순서가 다르게 표현될 수 있음을 알려주세요.

🌼 몇째에 있을까요?

1	2	3	4	5	6	7	8	9
첫째	둘째	셋째	넷째	다섯째	여섯째	일곱째	여덟째	아홉째

승오는 왼쪽에서 몇째에 있는지 말해 보세요.

유주는 오른쪽에서 몇째에 있는지 말해 보세요.

왼쪽에서 셋째에 있는 친구의 이름을 말해 보세요.

🐭 왼쪽에서부터 동물의 순서에 맞게 줄(―)로 이으세요.

첫째　　　셋째　　　　다섯째　여섯째　　　여덟째
　　둘째　　　넷째　　　　　　　일곱째　　　아홉째

여섯째에 있는 동물을 말해 보세요.

돼지는 몇째에 있는지 말해 보세요.

코끼리가 있는 순서를 수로 쓰세요.

02 DAY

🍀 아이들이 서 있는 순서를 잘 보고, ☐ 안에 알맞은 수를 쓰세요.

첫째	둘째	셋째	넷째	다섯째	여섯째	일곱째	여덟째	아홉째
☐	☐	☐	☐	☐	☐	☐	☐	☐

🍀 수의 순서에 맞게 빈 곳에 알맞은 수를 쓰세요.

🦋 사방치기를 하는데, 돌이 '3'에 있어요.
다음에 돌을 놓아야 할 곳에 ○표 하세요.

🦋 수의 순서에 맞게 빈 곳에 알맞은 수를 쓰세요.

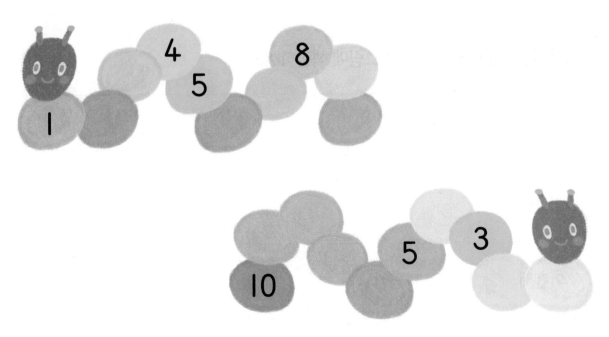

03 DAY

🌸 흩어져 있는 수들을 수의 순서에 맞게 □ 안에 쓰세요.

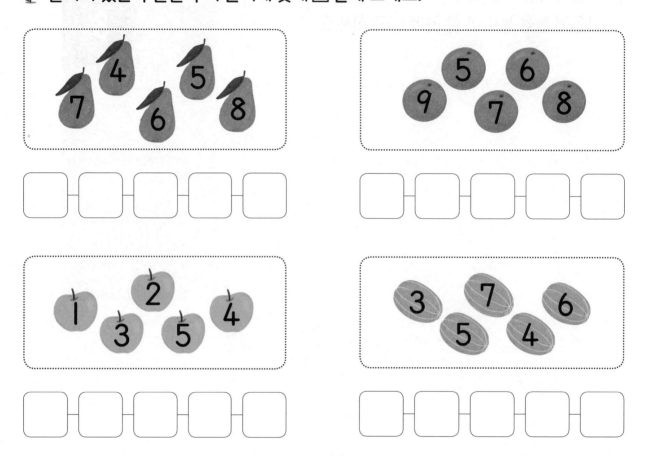

| | □—□—□—□—□ | | □—□—□—□—□ |

🌸 왼쪽의 순서에 맞게 오른쪽 그림에 색칠하세요.

다섯째	🍎 🍎 🍎 🍎 🍎 🍎 🍎 🍎 🍎
일곱째	🍌 🍌 🍌 🍌 🍌 🍌 🍌 🍌 🍌
아홉째	🍊 🍊 🍊 🍊 🍊 🍊 🍊 🍊 🍊

❀ 빈 곳에 알맞은 수를 찾아 줄(─)로 이으세요.

| 3 | | 5 | | 6 | 7 | |

| 1 | 2 | 4 | | 9 | 8 | 5 |

❀ 수의 순서에 맞게 빈칸에 알맞은 수를 쓰세요.

앞에서 몇째인지 순서에 맞게 ○에 색칠하고, 알맞은 말에 ○표 하세요.

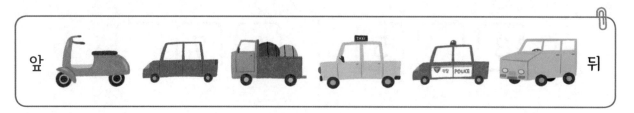

앞 ○ ○ ○ ○ ○ ○ 뒤　(첫째, 둘째, 셋째, 넷째)

앞 ○ ○ ○ ○ ○ ○ 뒤　(셋째, 넷째, 다섯째, 여섯째)

앞 ○ ○ ○ ○ ○ ○ 뒤　(첫째, 둘째, 셋째, 넷째)

앞 ○ ○ ○ ○ ○ ○ 뒤　(셋째, 넷째, 다섯째, 여섯째)

앞 ○ ○ ○ ○ ○ ○ 뒤　(첫째, 둘째, 셋째, 넷째)

🐨 순서에 맞게 빈칸에 알맞은 말을 쓰세요.

앞   뒤

는 앞에서 [   ], 뒤에서 [   ]에 있어요.

은 앞에서 [   ], 뒤에서 [   ]에 있어요.

위

은 위에서 [   ], 아래에서 [   ]에 있어요.

는 위에서 [   ], 아래에서 [   ]에 있어요.

아래

05 DAY

🌸 화살표를 따라 순서에 맞게 알맞은 수를 쓰세요.

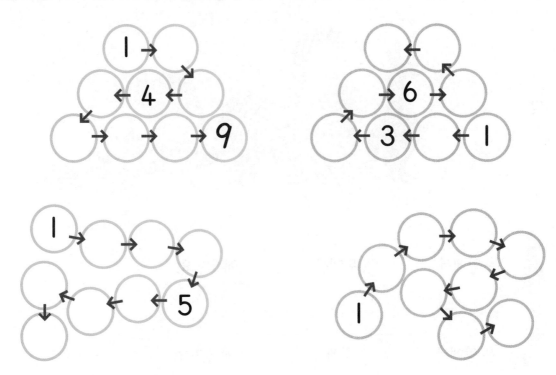

🌸 1~9까지 수를 순서대로 따라가서 놀이터에 도착할 수 있도록 길을 그리세요.

8	7	6	9
6	9	7	8
9	8	6	5
7	4	5	4
6	3	8	7
1	2	4	6

🍀 수의 순서대로 따라가며 줄(ㅡ)로 이으세요.

하나	셋	둘	아홉	여덟
둘	넷	셋	다섯	일곱
셋	여덟	하나	둘	아홉
넷	다섯	여섯	일곱	여덟
일곱	둘	다섯	넷	셋

첫째	둘째	일곱째	여섯째	아홉째
여섯째	셋째	넷째	여덟째	여섯째
일곱째	여덟째	다섯째	여섯째	넷째
여덟째	여섯째	아홉째	일곱째	여덟째
아홉째	넷째	둘째	셋째	아홉째

🍀 나들이를 가고 있어요. 숙소에 도착할 수 있도록 1~9까지의 수를 차례대로 쓰세요.

2~5까지의 수 모으기와 가르기

🔵 재민이의 생일이에요. 풍선의 수는 모두 몇 개일까요?

▶ 하나로 모아 세기

재민이의 왼쪽에 있는 풍선의 수와 오른쪽에 있는 풍선의 수는 각각

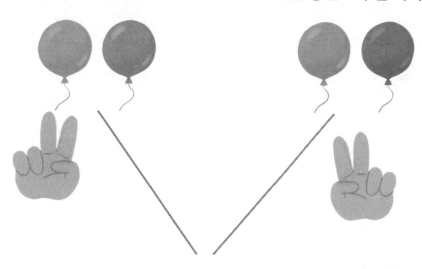

풍선을 모두 하나로 모으면

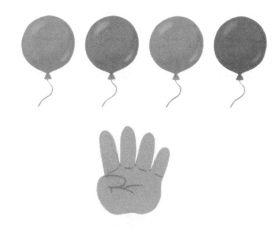

지도
도우미

두 수를 하나로 모으기 한 수만큼 표시하고, 그 표시를 세어 모두 몇 개인지 알수 있도록 지도해 주세요. 두 수를 모으는 활동은 덧셈, 두 수를 가르기 하는활동은 뺄셈과 연결되니 기초를 잘 다질 수 있게 해 주세요.

두 종류의 공을 모아 그 수만큼 오른쪽 ◯에 색칠하세요.

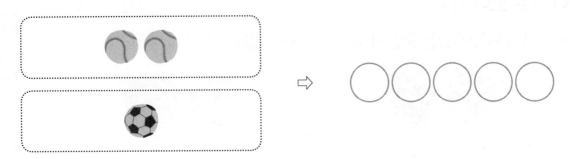

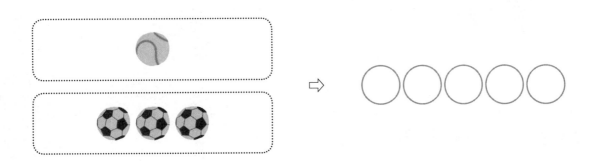

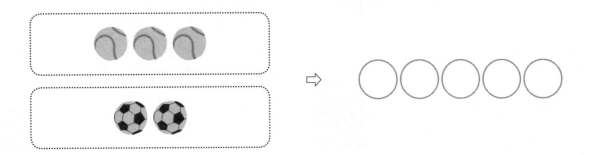

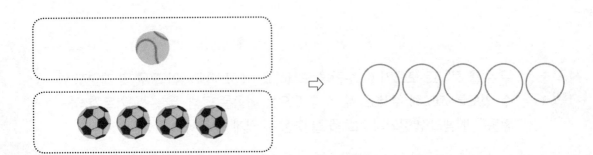

🍀 과일을 한 곳으로 모으면 모두 몇 개인지 □ 안에 알맞은 수를 쓰세요.

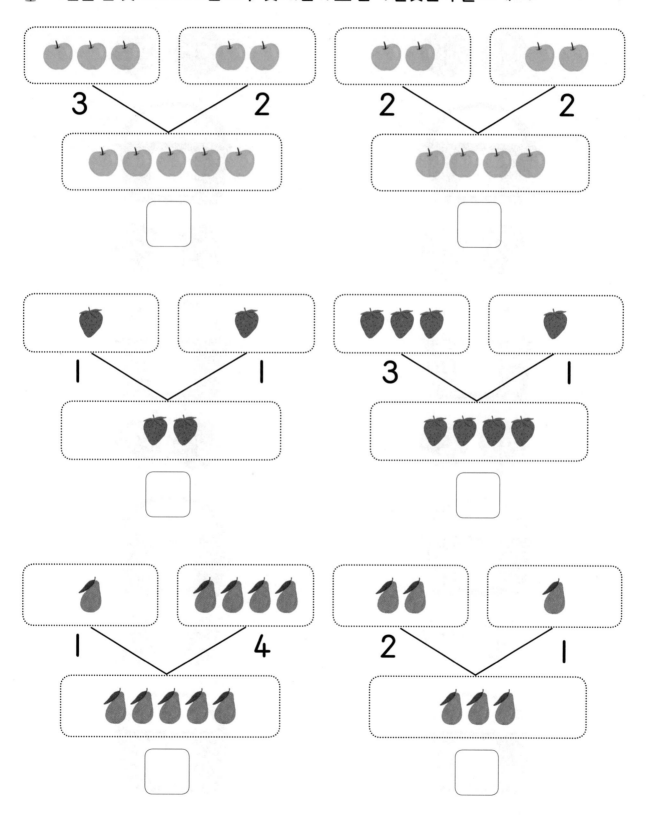

✿ 다음 두 수를 하나로 모으면 몇이 되는지 빈 곳에 알맞은 수를 쓰세요.

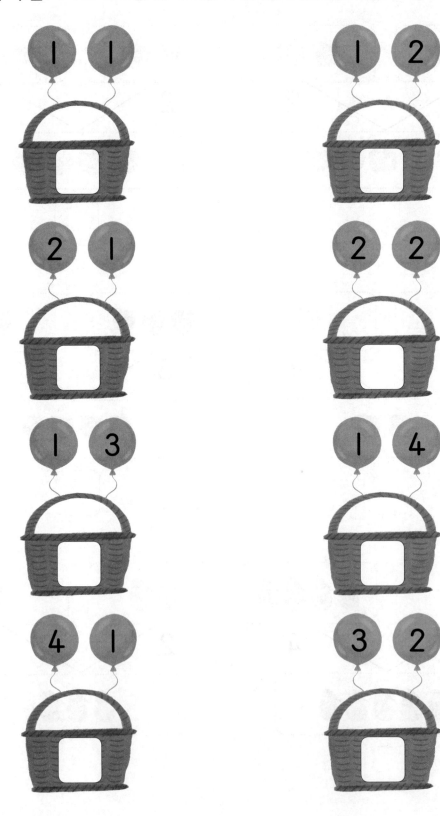

🌸 왼쪽의 그림을 보고, 각각의 수를 세어 오른쪽 ☐ 안에 쓰세요.

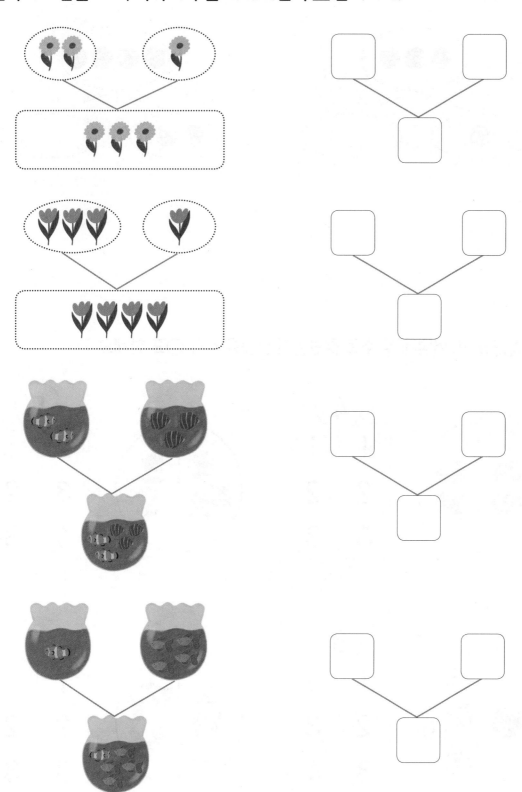

🌻 구슬을 둘로 가르고 빈 곳에 알맞은 수만큼 ○를 그리세요.

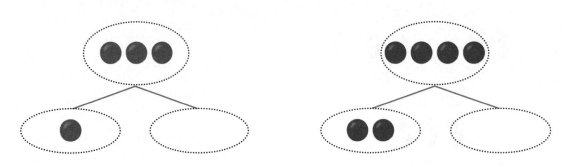

🌸 그림을 보고, 어떻게 두 수로 갈랐는지 알맞은 수에 ○표 하세요.

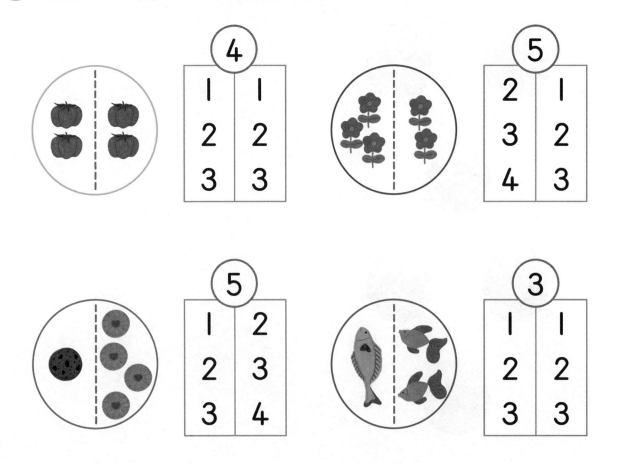

😈 같은 종류끼리 둘로 나누어 담으면 접시마다 담은 음식의 수는 몇 개일까요?
왼쪽의 그림을 보고, 오른쪽 □ 안에 알맞은 수를 쓰세요.

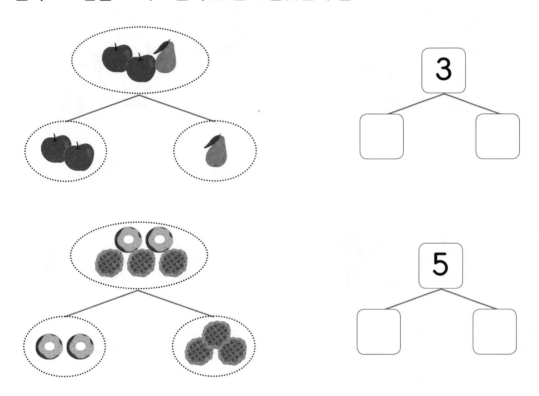

😈 그림의 수를 모두 세어 ○ 안에 쓰고, 가른 수를 각각 세어 알맞은 수에 ○표 하세요.

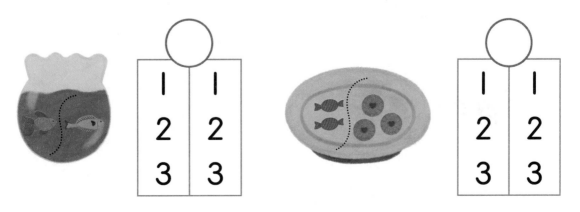

🐹 그림에서 동물의 수를 세어 보고, ☐ 안에 알맞은 수를 쓰세요.

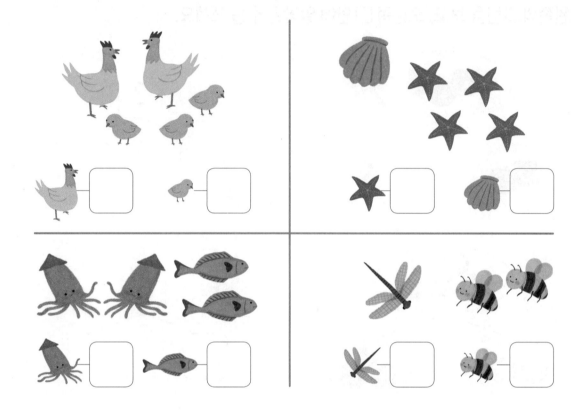

🐹 두 수로 가르기 한 그림을 보고, ☐ 안에 알맞은 수를 쓰세요.

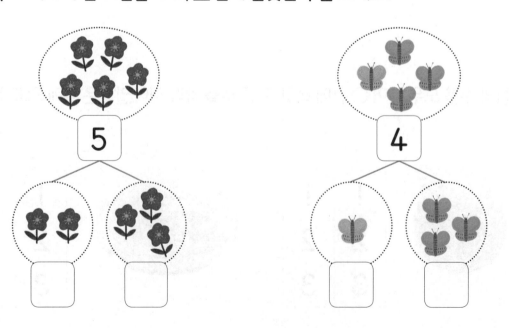

🌸 두 수로 가르기 한 그림이에요. 빈 곳에 알맞은 수만큼 같은 모양을 그리고, □ 안에 수를 쓰세요.

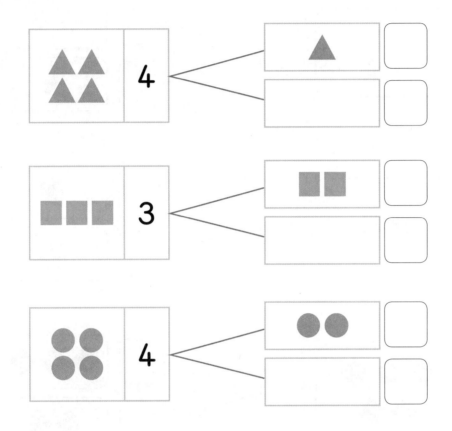

🌸 유리병 안의 구슬을 두 손에 나누어 가졌어요. 나머지 한 손에 있는 구슬의 수를 □ 안에 쓰세요.

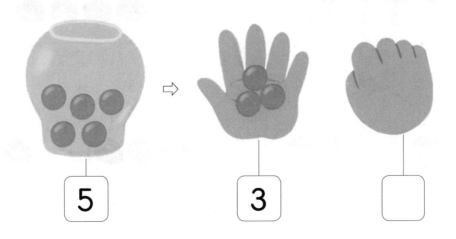

05 DAY

🐭 두 수로 가르기 한 그림을 보고, □ 안에 알맞은 수를 쓰세요.

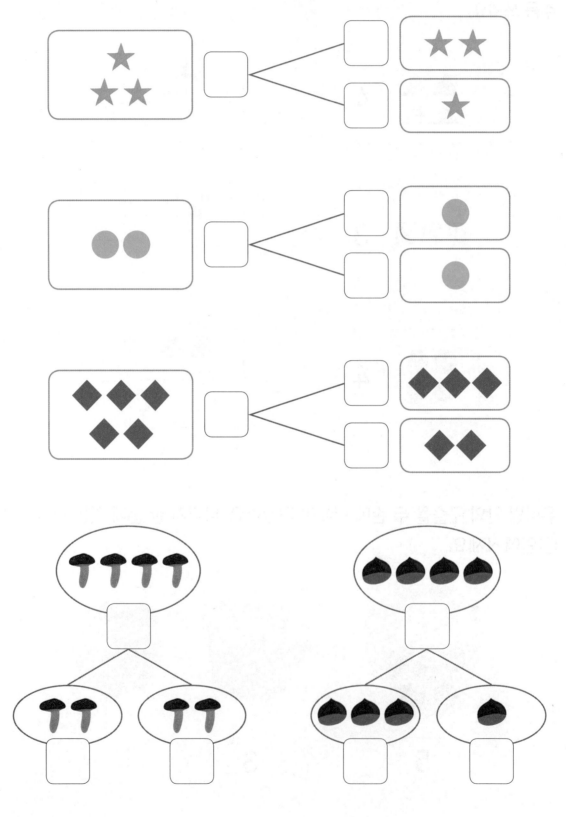

🌸 두 수로 가르기 했어요. □ 안에 알맞은 수를 쓰세요.

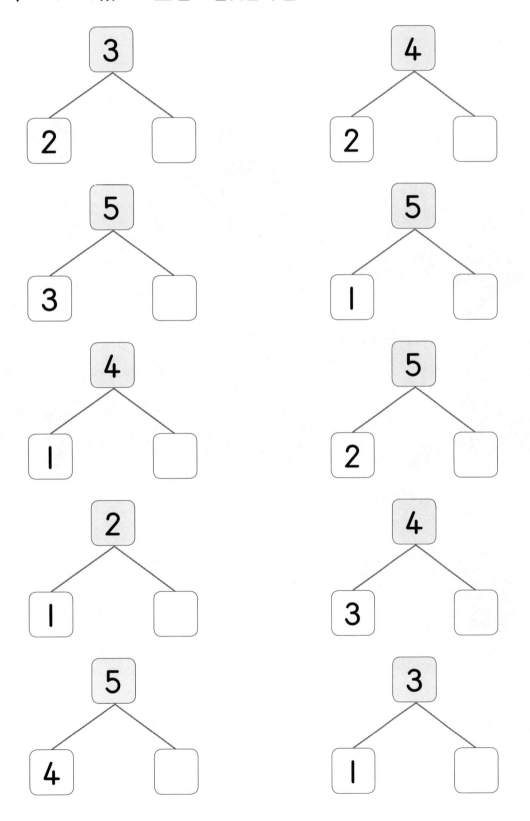

4 5까지의 덧셈

⬡ 모래놀이를 하고 있네요. 모래사장에 있는 아이들은 모두 몇 명인가요?

▶ 두 수를 모으기

모래놀이를 하고 있는 아이 2명
모래사장을 뛰어오는 아이 2명
둘을 모으면 모래사장에는
모두 4명의 아이가 있어요.

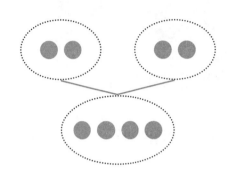

▶ 더하기로 나타내기

2와 2는 "2 더하기 2"

2 더하기 **2**는 **4**와 같고

2 **+** **2** **=** **4**

이때 더하기는 +로, 같다는 =로 나타내요.

지도 도우미

모두 몇인지를 알아보는 것은 덧셈을 물어보는 것입니다.
앞에서 모으기를 통해 모두 몇인지 세어보는 학습을 했어요. 더하기를 익히는
과정으로 +가 더하기임을 알고, 수식으로도 표현할 수 있도록 지도해 주세요.

🐰 그림을 보고, ☐ 안에 알맞은 수를 쓰세요.

🐕 는 몇 마리입니까? ☐

🐰 는 몇 마리입니까? ☐

동물은 모두 몇 마리입니까? ☐

🍎 는 몇 개입니까? ☐

🍊 은 몇 개입니까? ☐

과일은 모두 몇 개입니까? ☐

🎸 는 몇 개입니까? ☐

🪘 은 몇 개입니까? ☐

악기는 모두 몇 개입니까? ☐

🧢 는 몇 개입니까? ☐

🧢 는 몇 개입니까? ☐

모자는 모두 몇 개입니까? ☐

🐟 는 몇 마리입니까? ☐

🐟 는 몇 마리입니까? ☐

물고기는 모두 몇 마리입니까? ☐

🌼 은 몇 송이입니까? ☐

🌷 은 몇 송이입니까? ☐

꽃은 모두 몇 송이입니까? ☐

그림과 같이 두 수를 하나로 모아 빈 곳에 알맞은 수만큼 ○를 그리세요.

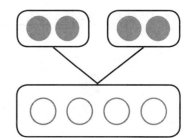

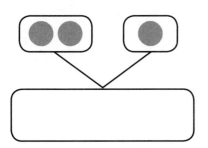

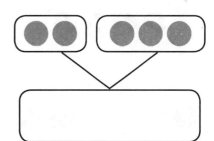

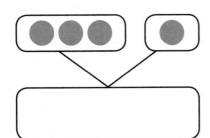

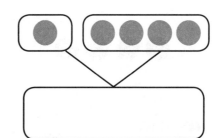

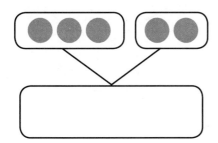

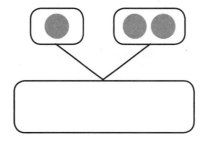

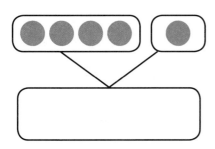

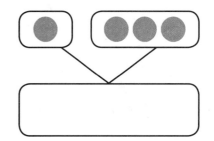

🌸 왼쪽의 그림을 보고, 오른쪽 □ 안에 알맞은 수를 쓰세요.

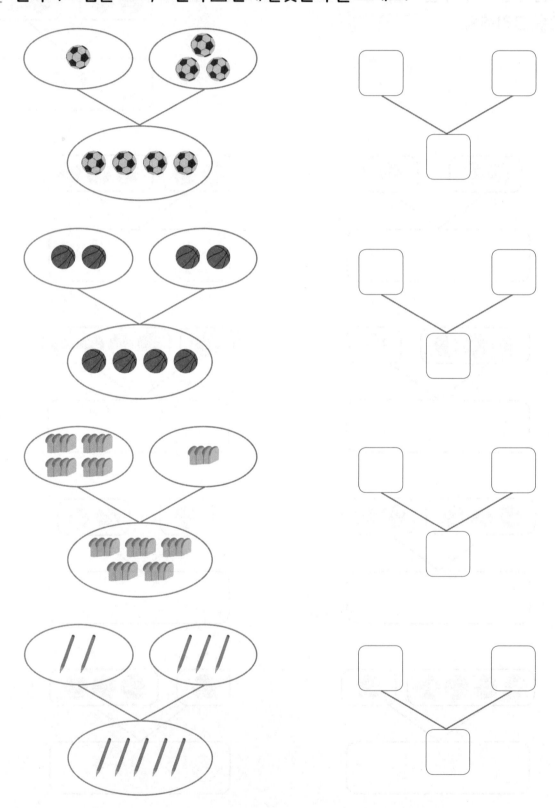

🌸 그림을 보고, 빈 곳에 알맞은 수만큼 ○를 그리세요.

더하기 ⇨ [ ]

더하기 ⇨ [ ]

더하기 ⇨ [ ]

더하기 ⇨ [ ]

더하기 ⇨ [ ]

더하기 ⇨ [ ]

🐭 그림을 보고, ☐ 안에 알맞은 수를 쓰세요.

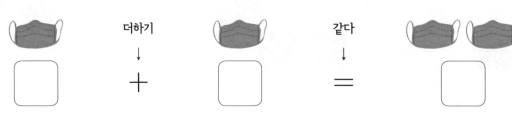

더하기
↓
☐
+
☐

같다
↓
☐
=

더하기
↓
☐
+
☐

같다
↓
☐
=

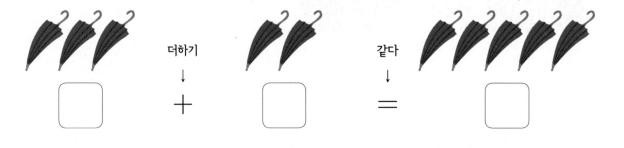

더하기
↓
☐
+
☐

같다
↓
☐
=

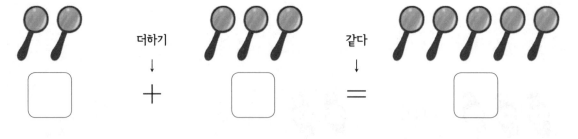

더하기
↓
☐
+
☐

같다
↓
☐
=

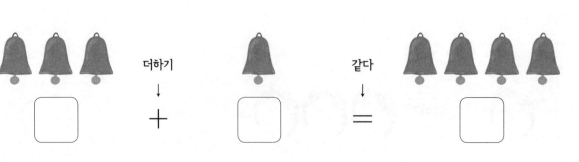

더하기
↓
☐
+
☐

같다
↓
☐
=

그림의 수만큼 ○를 색칠하고, □ 안에 알맞은 수를 쓰세요.

$$2 + 1 = 3$$

$$3 + 2 = 5$$

$$1 + 3 = 4$$

🌸 <보기>와 같이 그림을 보고 빈 곳에 알맞은 수만큼 ○를 그리고, □ 안에 수를 쓰세요.

보기

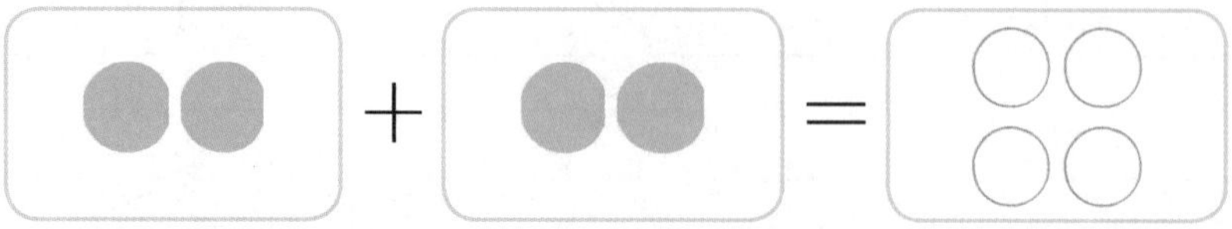

●● + ●● = ○○○○

2 + 2 = 4

🥤🥤🥤 + 🥤 =

□ + □ = □

🏓 + 🏓 =

□ + □ = □

🕐 + 🕐🕐🕐🕐 =

□ + □ = □

덧셈을 하여 나온 수와 같은 수를 찾아 줄(─)로 이으세요.

덧셈을 하여 나온 수가 같은 풍선끼리 같은 색으로 색칠하세요.

❀ 그림을 보고, 덧셈을 하여 □ 안에 알맞은 수를 쓰세요.

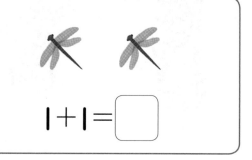

1+1=□

3+2=□

2+2=□

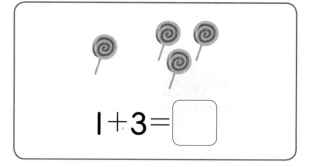

1+3=□

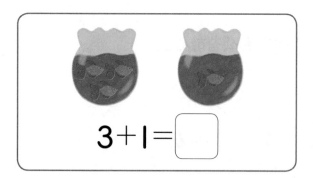

3+1=□

2+3=□

1+2=□

1+4=□

🌸 그림에서 필기구의 수를 세어 ☐ 안에 알맞은 수를 쓰세요.

☐ + ☐ = ☐

| ☐ + ☐ = ☐

☐ + ☐ = ☐

☐ + ☐ = ☐

🌸 덧셈을 하여 ☐ 안에 알맞은 수를 쓰세요.

$2+2=\boxed{}$ $2+1=\boxed{}$

$1+3=\boxed{}$ $2+3=\boxed{}$

$1+1=\boxed{}$ $1+4=\boxed{}$

$3+2=\boxed{}$ $3+1=\boxed{}$

5 5까지의 뺄셈

⬡ 어항이 넘어졌어요. 어항에 남아 있는 물고기는 몇 마리일까요?

개념과 원리 이해하기

▶ 두 수로 가르기

어항에 있던 물고기의 수 5를
밖으로 흘러나온 물고기와
남아 있는 물고기로 가르면

5는 **2**와 **3**으로 가르기 할 수 있어요.

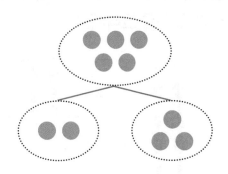

▶ 지워가며 세기

어항에 있던 물고기 5마리에서
밖으로 흘러나온 물고기 2마리를 지우면

▶ 빼기로 나타내기

5 빼기(지우기) **2**는 **3**과 같고

5 − 2 = 3

이때 빼기는 −로, 같다는 =로 나타내요.

**지도
도우미**

5개에서 2개만큼 지우면 남은 것은 3개예요. 지우고 남은 것을 알아보는 것은
뺄셈을 물어보는 것이죠. 앞에서 두 수를 가르는 것을 배웠어요. 빼기를 익히는
과정으로 −가 빼기임을 알고, 수식으로도 나타낼 수 있도록 지도해 주세요.
이때 가르기 한 두 수를 모으면 처음의 수가 되는 것도 그림을 통해 알 수 있게
해 주세요.

DAY 01

✿ 물건을 두 곳으로 나누어 담으려고 해요. 빈 곳에는 몇 개를 담아야 하는지 알맞은 수만큼 ○를 그리세요.

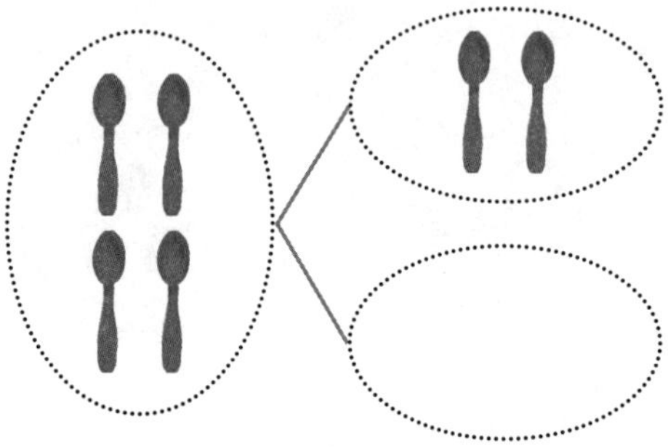

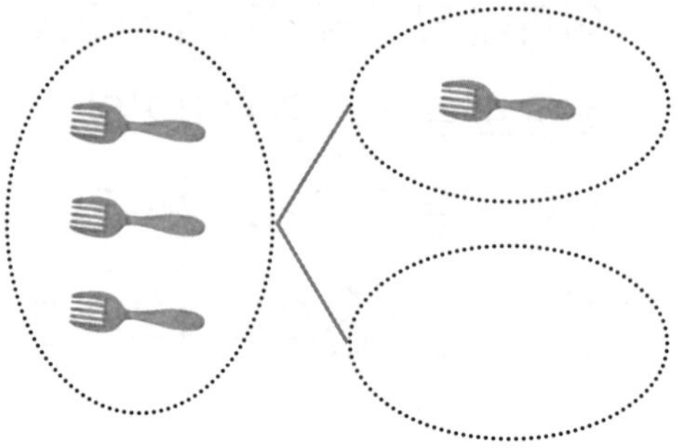

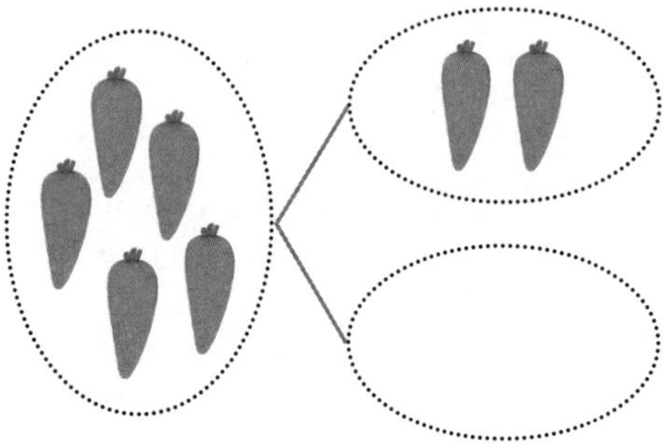

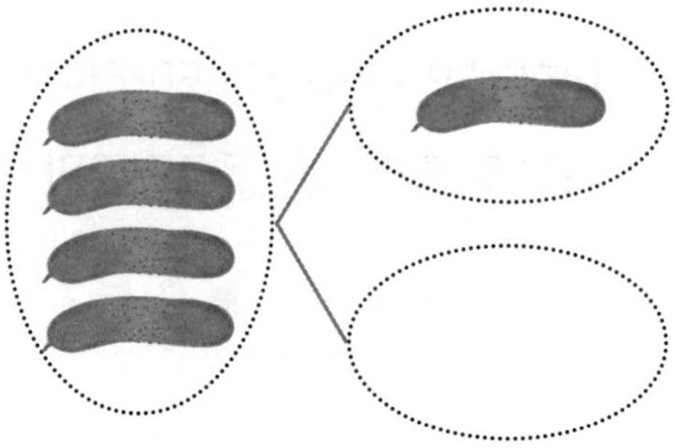

✿ 블록 쌓기를 하고 있어요. 그림을 보고 민수의 블록이 지현의 블록보다 몇 개 더 많은지 □ 안에 알맞은 수를 쓰세요.

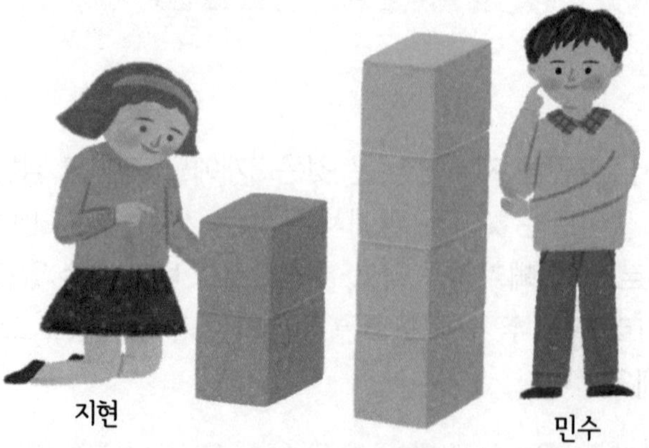

□ 개

🍀 그림을 보고 위에 있는 것이 아래에 있는 것보다 몇 개 더 많은지 ☐ 안에 알맞은 수를 쓰세요.

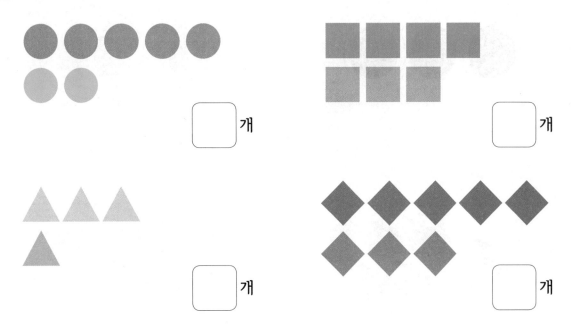

☐ 개

☐ 개

☐ 개

☐ 개

🍀 쟁반 위의 과자를 1개씩 먹으면 몇 개가 남는지 ☐ 안에 알맞은 수를 쓰세요.

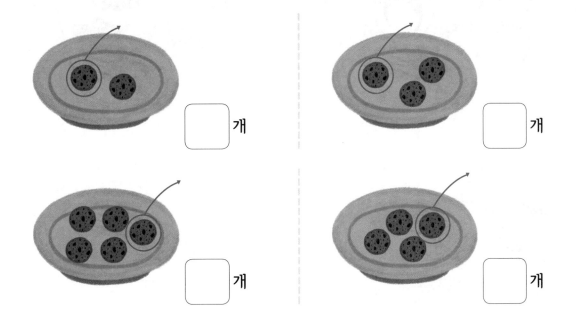

☐ 개

☐ 개

☐ 개

☐ 개

DAY
O2

🐭 그림에서 ○ 안의 수만큼 빼고 나면 몇 개가 남는지 □ 안에 알맞은 수를 쓰세요.

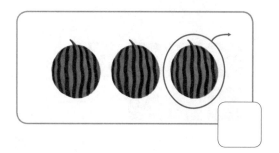

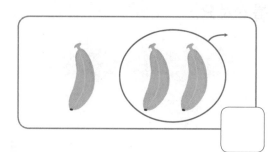

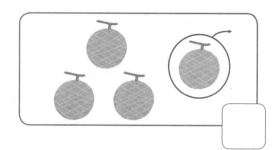

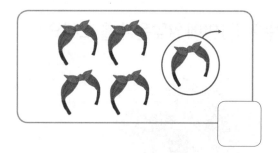

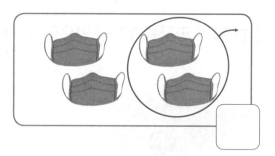

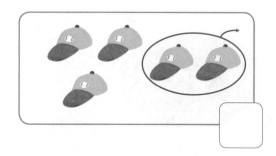

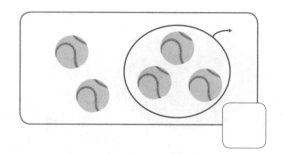

🐭 그림을 보고, ☐ 안에 알맞은 수를 쓰세요.

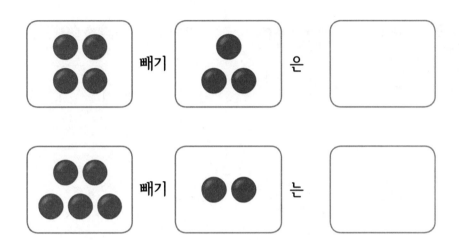

🌸 ☐ 안의 왼쪽에서 오른쪽의 수만큼 빼고 남은 수와 같은 수를 찾아 줄(─)로 이으세요.

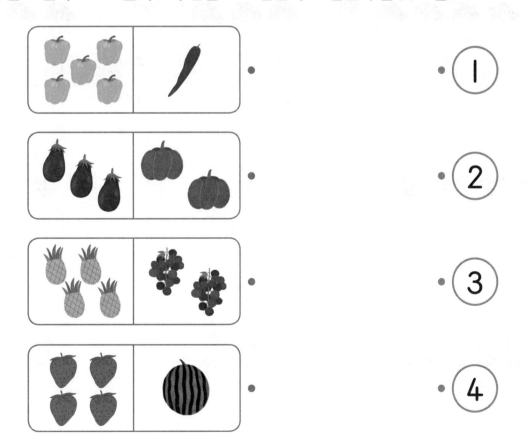

🐰 그림을 보고, ☐ 안에 알맞은 수를 쓰세요.

 빼기
↓
☐ —

 같다
↓
☐ =

☐

 빼기
↓
☐ —

 같다
↓
☐ =

☐

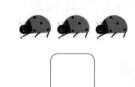 빼기
↓
☐ —

 같다
↓
☐ =

☐

 빼기
↓
☐ —

☐ 같다
↓
 =
☐

 빼기
↓
☐ —

☐ 같다
↓
 =
☐

🌸 그림을 보고, ☐ 안에 알맞은 수를 쓰세요.

$5 - 2 = \boxed{}$

$4 - 3 = \boxed{}$

$3 - 1 = \boxed{}$

$4 - 1 = \boxed{}$

$4 - 2 = \boxed{}$

✿ 그림의 수만큼 ○를 색칠하고, □ 안에 그 수를 쓰세요.

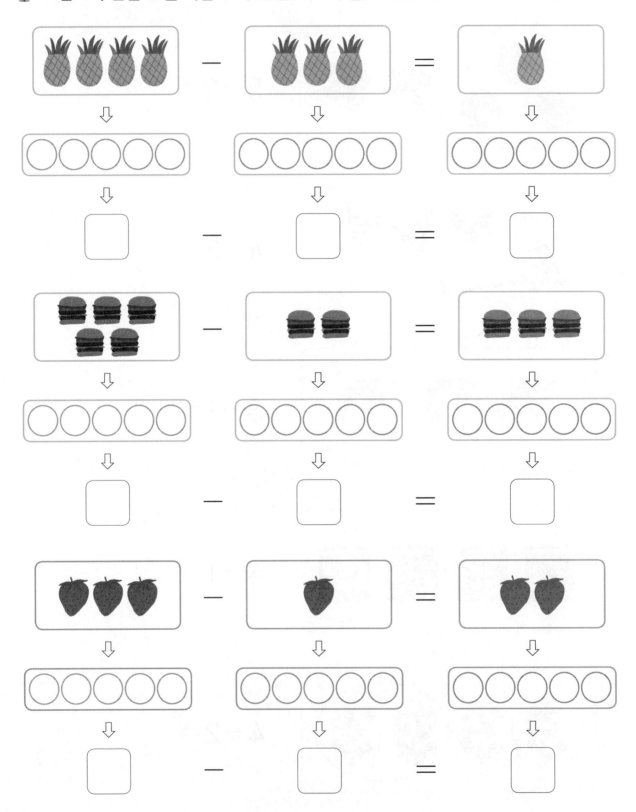

🌸 그림을 보고 뺄셈을 하여 그 수만큼 ◯에 색칠하세요.

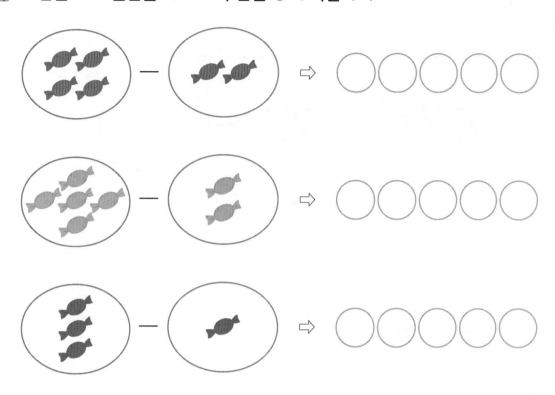

🌸 뺄셈을 하여 나온 수와 같은 수를 찾아 줄(—)로 이으세요.

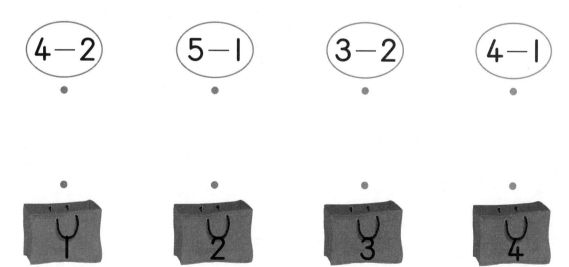

🐭 <보기>와 같이 그림을 보고 빈 곳에 알맞은 수만큼 ◯를 그리고, ☐ 안에 수를 쓰세요.

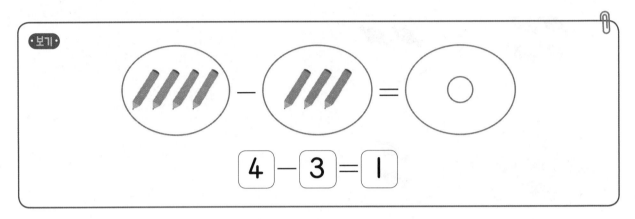

・보기・

$4 - 3 = 1$

☐ - ☐ = ☐

☐ - ☐ = ☐

☐ - ☐ = ☐

❀ 그림을 보고, ☐ 안에 알맞은 수를 쓰세요.

❀ 뺄셈을 하여 ☐ 안에 알맞은 수를 쓰세요.

$3-2=$ ☐ $4-3=$ ☐

$2-1=$ ☐ $5-4=$ ☐

$5-2=$ ☐ $4-2=$ ☐

$3-1=$ ☐ $5-1=$ ☐

6

6~9까지의 수 모으기와 가르기

⬡ 놀이기구에 타고 있는 아이들은 모두 몇 명인가요?

▶ 두 수로 가르기

놀이기구에 타고 있는 아이들은
모두 6명이에요. 6명의 아이들을
회전목마와 기차를 타고 있는 아이로 가르면

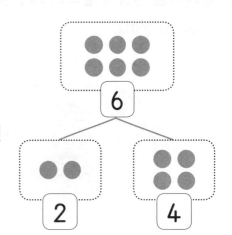

6은 **2**와 **4**로 가르기 할 수 있어요.

❖ 거꾸로 **2**와 **4**를 모으면 **6**이 되네요.

지도
도우미

두 수를 모으기, 가르기 한 수만큼 표시하고, 그 수가 몇인지 알 수 있도록 지도해 주세요. 이때 하나의 수를 여러 가지로 모으기, 가르기 할 수 있는 것을 알려주세요. 위에서처럼 6은 1과 5, 2와 4, 3과 3으로 가르기 할 수 있어요.
그림을 보고 이해한 다음, 그림이 없어도 숫자로만 모으기, 가르기를 할 수 있도록 지도해 주세요.

금붕어를 어항에 넣으면 모두 몇 마리일까요? 오른쪽 어항의 빈 곳에 알맞은 수만큼 ○를 그리세요.

그림을 보고, □ 안에 알맞은 수를 쓰세요.

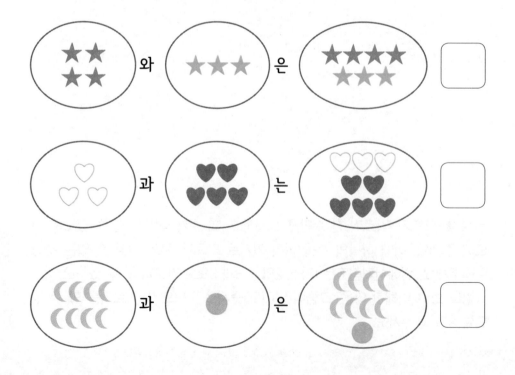

과일의 수를 세어 보고, □ 안에 알맞은 수를 쓰세요.

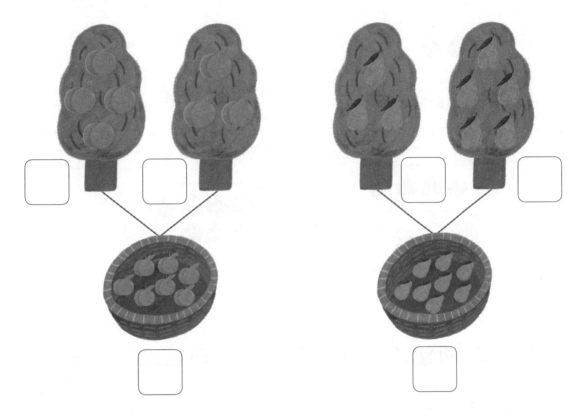

그림을 하나로 모아서, □ 안에 알맞은 수를 쓰세요.

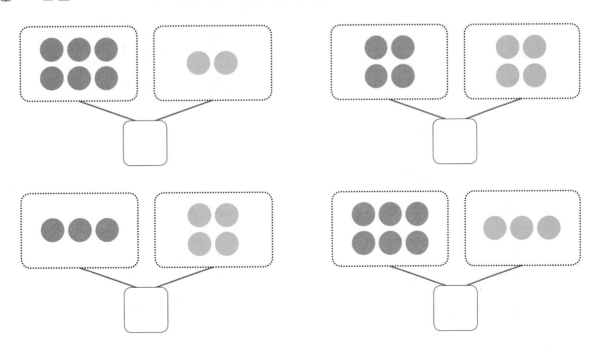

🌸 구슬의 수를 세어 보고, □ 안에 알맞은 수를 쓰세요.

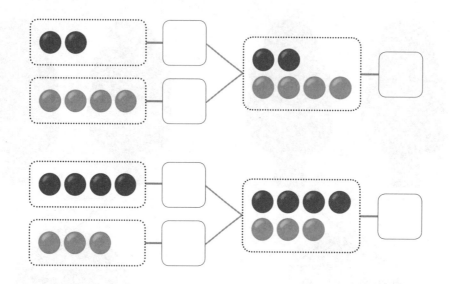

🌸 그림의 수를 세어 알맞은 수에 ○표 하고, 두 수를 모아 □ 안에 쓰세요.

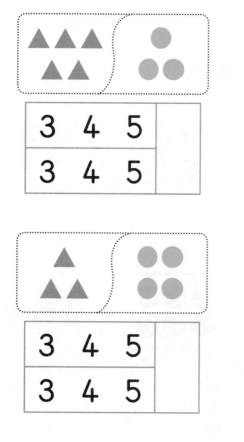

| 3 | 4 | 5 | |
| 3 | 4 | 5 | |

| 3 | 4 | 5 | |
| 3 | 4 | 5 | |

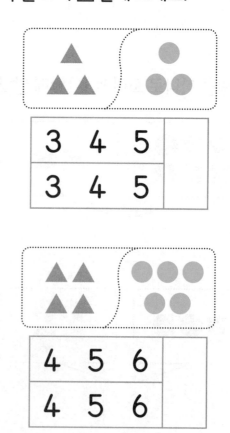

| 3 | 4 | 5 | |
| 3 | 4 | 5 | |

| 4 | 5 | 6 | |
| 4 | 5 | 6 | |

그림을 하나로 모아서 알맞은 수만큼 ◯에 색칠하고, ☐ 안에 수를 쓰세요.

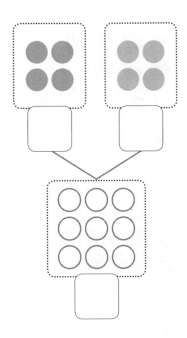

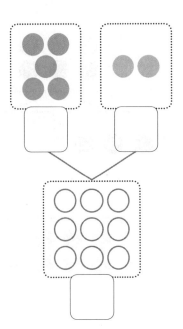

두 수를 모으기 하여 ☐ 안에 알맞은 수를 쓰세요.

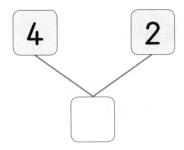

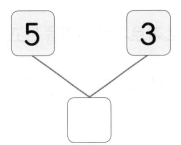

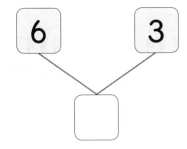

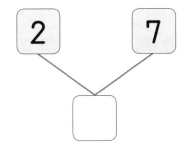

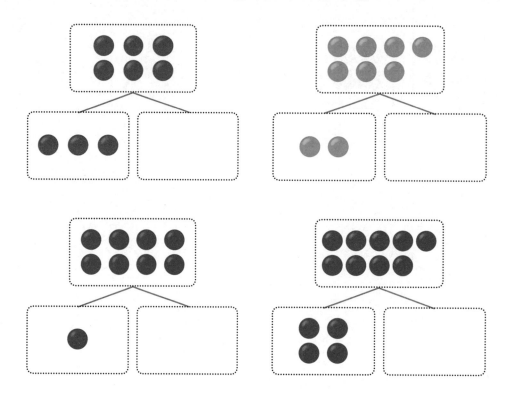

🐹 둘로 가르기 한 그림을 보고, 빈 곳에 알맞은 수만큼 ○를 그리세요.

🐹 두 수로 가르기 한 그림을 보고, ○ 안에 알맞은 수를 쓰세요.

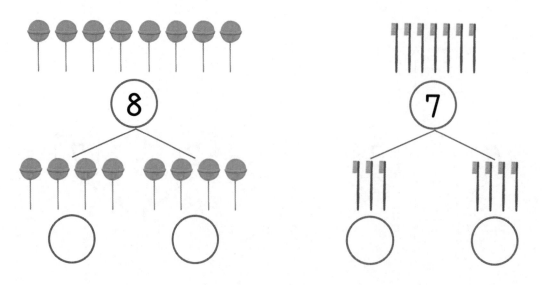

🍀 둘로 가르기 한 그림을 보고, 빈 곳에 알맞은 수만큼 주어진 모양을 그리세요.

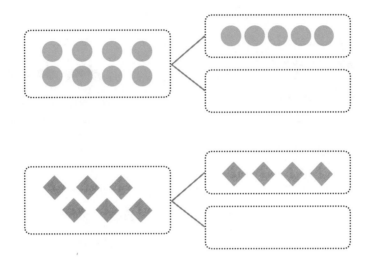

🍀 두 수로 가르기 한 그림을 보고, ○ 안에 알맞은 수를 쓰세요.

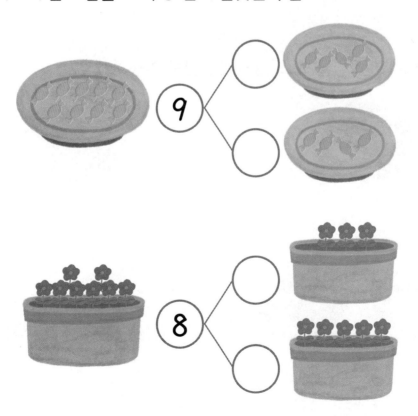

🌸 두 수로 가르기 한 그림이에요. 빈 곳에 알맞은 수만큼 ○를 그리고 □ 안에 수를 쓰세요.

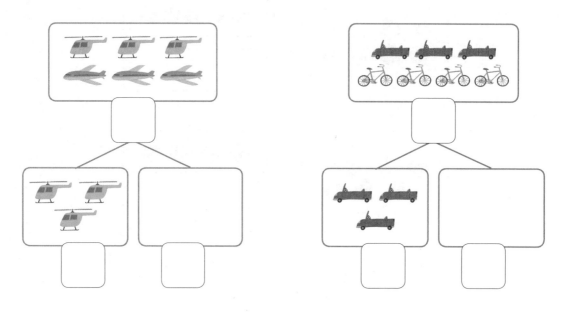

🌸 두 수로 가르기 한 그림을 보고, □ 안에 알맞은 수를 쓰세요.

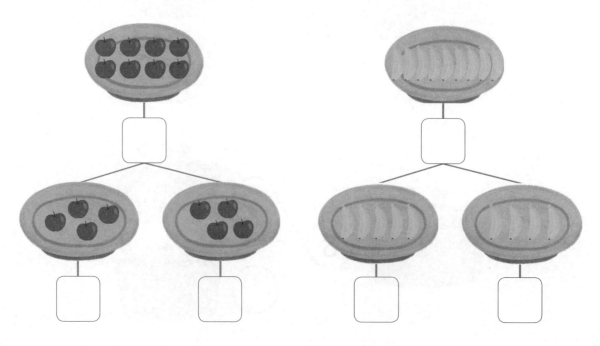

❀ 두 수로 가르기 한 그림이에요. 빈 곳에 알맞은 수만큼 주어진 모양을 그리고 □ 안에 수를 쓰세요.

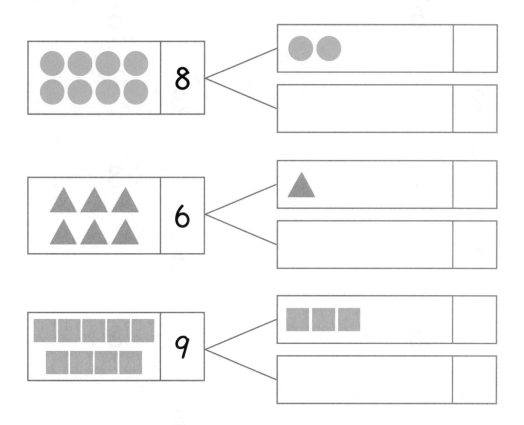

❀ 두 수로 가르기 한 그림을 보고, □ 안에 알맞은 수를 쓰세요.

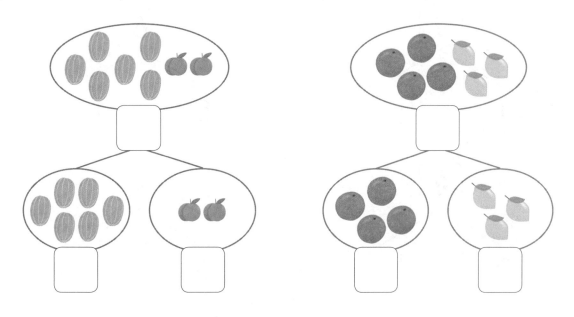

🌼 두 수로 가르기 한 것을 보고, ☐ 안에 알맞은 수를 쓰세요.

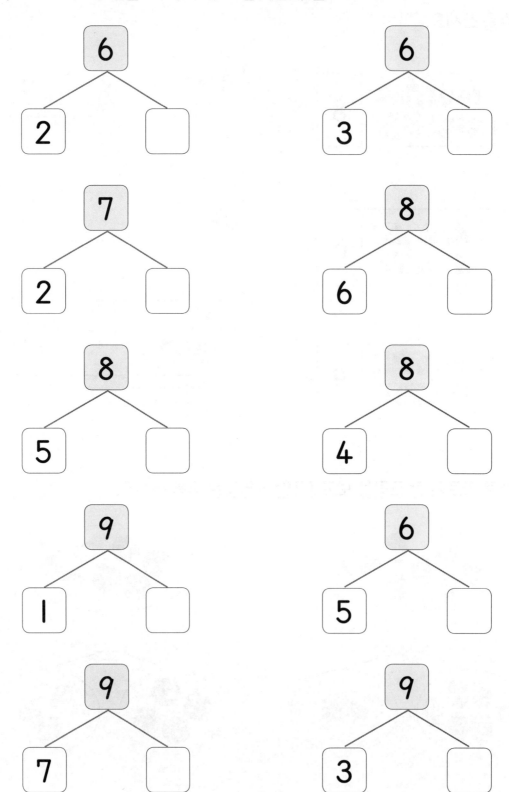

왼쪽의 수를 가르기와 모으기 해서 빈칸에 알맞은 수를 쓰세요.

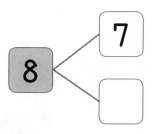

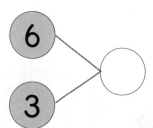

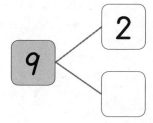

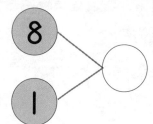

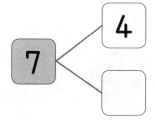

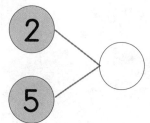

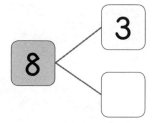

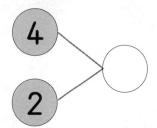

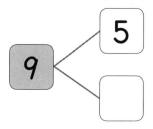

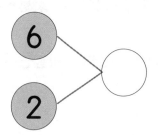

10보다 작은 덧셈

◎ 놀이터에 있는 아이들은 모두 몇 명인가요?

▶ **두 수를 모으기**

그네를 타는 아이 3명

시소를 타는 아이 4명을 모으면

놀이터에 있는 아이는 모두 7명이에요.

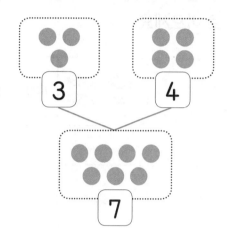

▶ **더하기로 나타내기**

$$3 \quad + \quad 4 \quad = \quad 7$$

3 더하기 **4**는 **7**과 같아요.

지도 도우미

앞에서 모으기를 통해 덧셈의 과정을 알아보았어요. 덧셈을 +를 이용한 수식으로 나타낸 것을 이해하고, 덧셈식을 바르게 쓰고 읽을 수 있도록 지도해 주세요.

두 종류의 사탕의 개수를 더하면 모두 몇 개인지 세어 보고, 같은 수를 찾아 줄(—)로 이으세요.

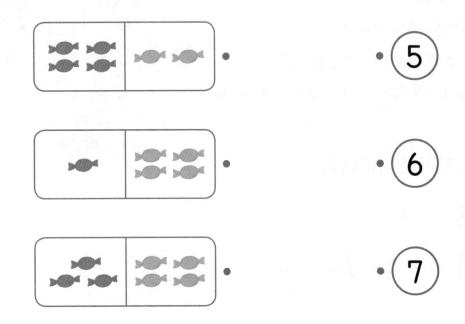

그림을 보고, ☐ 안에 알맞은 수를 쓰세요.

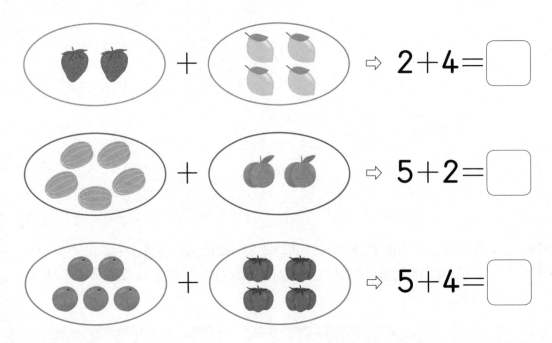

$2+4=\boxed{}$

$5+2=\boxed{}$

$5+4=\boxed{}$

🍀 그림을 보고, ☐ 안에 알맞은 수를 쓰세요.

$4+2=$ ☐

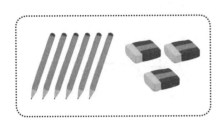

$6+3=$ ☐

🌼 두 손에 있는 구슬의 개수가 모두 몇 개인지 나타내는 식을 찾아 줄(─)로 이으세요.

• $1+5=6$

• $3+5=8$

• $7+2=9$

🌸 그림을 보고, ☐ 안에 알맞은 수를 쓰세요.

 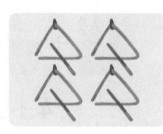

$5+4=$ ☐

$7+2=$ ☐

$6+2=$ ☐

$3+5=$ ☐

$2+5=$ ☐

❀ 그림의 수를 세어 보고, □ 안에 알맞은 수를 쓰세요.

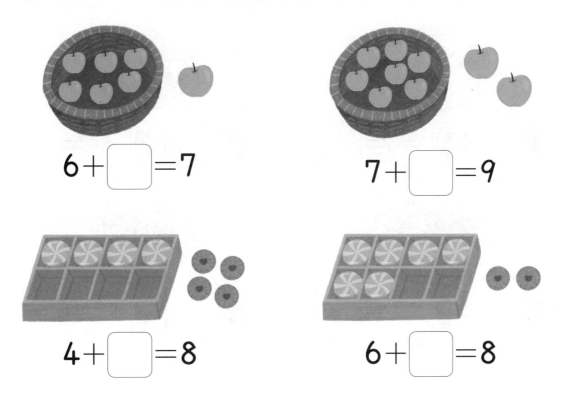

$6 + \boxed{} = 7$

$7 + \boxed{} = 9$

$4 + \boxed{} = 8$

$6 + \boxed{} = 8$

❀ 두 수를 더하여 6이 되는 수끼리 줄(─)로 이으세요.

🌸 그림을 보고, ☐ 안에 알맞은 수를 쓰세요.

🌺 그림을 보고, ☐ 안에 알맞은 수를 쓰세요.

🐰 그림을 보고, ☐ 안에 알맞은 수를 쓰세요.

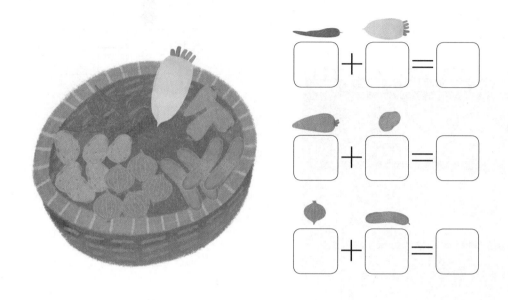

☐ + ☐ = ☐

☐ + ☐ = ☐

☐ + ☐ = ☐

🌷 덧셈을 하여 나온 수를 <보기>에서 찾아 주어진 색으로 색칠하세요.

• 보기 •   6   7   8   9

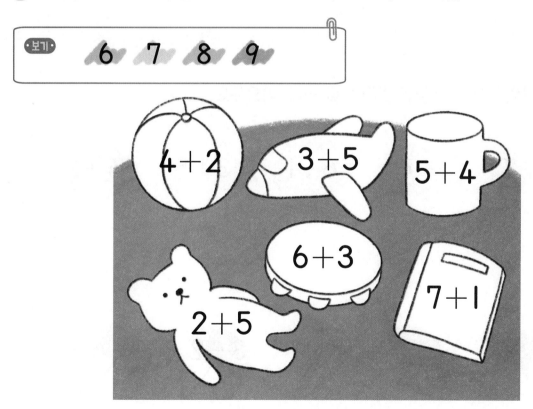

4+2

3+5

5+4

6+3

2+5

7+1

🐰 그림을 보고, □ 안에 알맞은 수를 쓰세요.

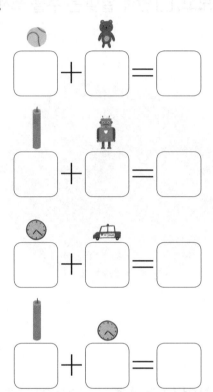

□ + □ = □

□ + □ = □

□ + □ = □

□ + □ = □

🐰 덧셈을 하여 나온 수가 같은 것끼리 줄(—)로 이으세요.

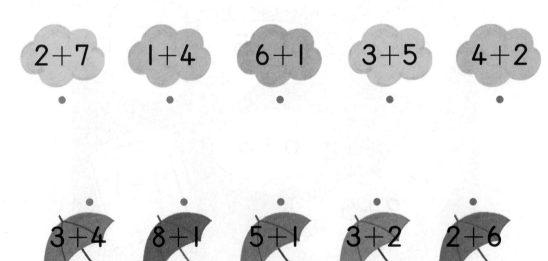

2+7   1+4   6+1   3+5   4+2

3+4   8+1   5+1   3+2   2+6

이어 세기를 덧셈으로 표현한 것을 보고, □ 안에 알맞은 수를 써서 식을 완성하세요.

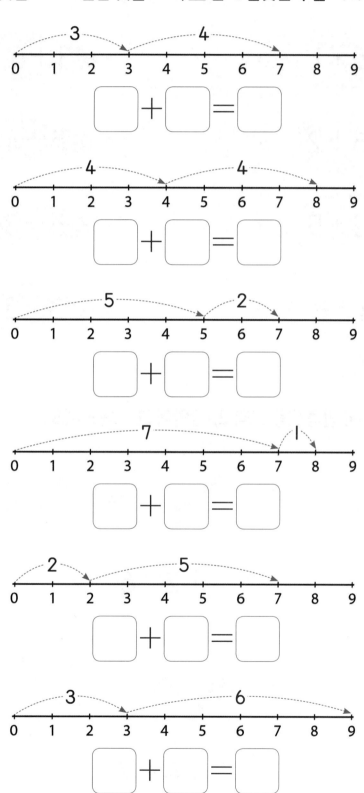

🐰 덧셈을 하여 나온 수가 같은 것끼리 줄(—)로 이으세요.

5+1 •   • 1+6

6+2 •   • 5+4

2+5 •   • 5+3

1+8 •   • 3+3

🐰 빈 곳에 알맞은 수만큼 ○를 그리고, □ 안에 그 수를 쓰세요.

☐ + 🍬 = 🍬🍬🍬🍬🍬🍬

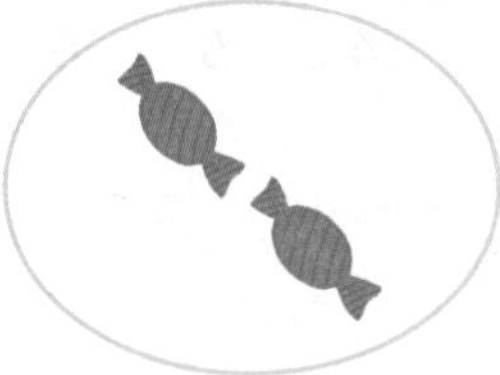

☐ +2=6

☐ + 🍪🍪🍪🍪 = 🍪🍪🍪🍪🍪🍪🍪

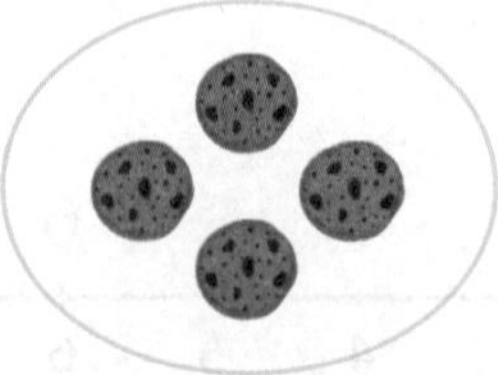

☐ +4=7

🍀 □ 안에 들어가는 수가 적혀 있는 풍선을 찾아 색칠하세요.

$\square + 3 = 8$ $\square + 1 = 7$

🍀 □ 안에 같은 수가 들어가는 것끼리 줄(—)로 이으세요.

$3 + \square = 5$ $2 + \square = 6$ $6 + \square = 9$

$\square + 3 = 6$ $\square + 5 = 9$ $\square + 6 = 8$

10보다 작은 뺄셈

⬡ 자전거 대여점에 남아 있는 자전거는 모두 몇 대인가요?

개념과 원리 이해하기

▶ **두 수로 가르기**

전체 자전거 9대를
타고 간 것과 남아 있는 것으로 가르면
9는 **2**와 **7**로 가르기 할 수 있어요.

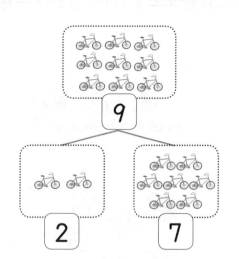

▶ **빼기로 나타내기**

$$9 - 2 = 7$$

9 빼기 **2**는 **7**과 같아요.

지도 도우미

앞에서 가르기를 통해 뺄셈의 과정을 알아보았어요. 뺄셈을 −를 이용한 수식으로 나타낸 것을 이해하고, 뺄셈식을 바르게 쓰고 읽을 수 있도록 지도해 주세요.

01 DAY

🐰 그림을 보고, □ 안에 알맞은 수를 쓰세요.

$7 - 4 = \boxed{}$

$8 - 2 = \boxed{}$

🐭 그림을 보고 음식을 표시한 만큼 먹으면 몇 개가 남을지 □ 안에 알맞은 수를 쓰세요.

$6 - 2 = \boxed{}$

$8 - 1 = \boxed{}$

$9 - 4 = \boxed{}$

$7 - 3 = \boxed{}$

🌸 그림을 보고, □ 안에 알맞은 수를 쓰세요.

⇨ 5 - 3 = ☐

⇨ 6 - 1 = ☐

⇨ 6 - 4 = ☐

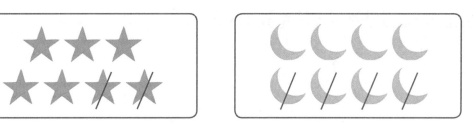

7 - 2 = ☐

8 - 4 = ☐

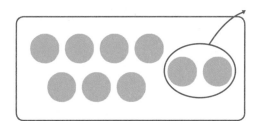 

9 - 2 = ☐

9 - 5 = ☐

🌸 위에 있는 것이 아래에 있는 것보다 몇 개 더 많은지 ☐ 안에 알맞은 수를 쓰세요.

$9-7=$ ☐

$7-4=$ ☐

$8-2=$ ☐

🌸 그림을 보고, ☐ 안에 알맞은 수를 쓰세요.

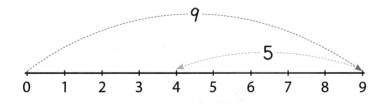

$9-5=$ ☐

$8-3=$ ☐

$9-2=$ ☐

❀ 그림을 보고 알맞은 수만큼 ◯를 색칠하고, ▢ 안에 그 수를 쓰세요.

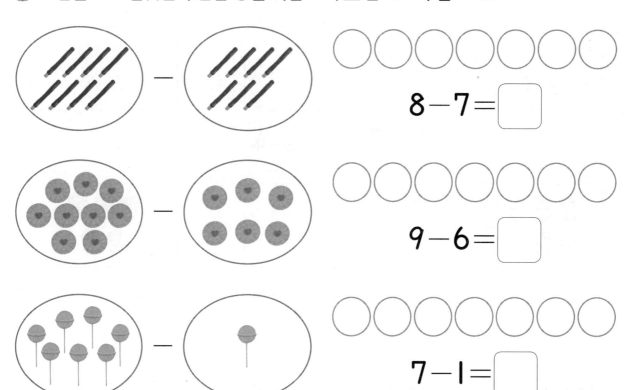

◯◯◯◯◯◯◯

$8-7=$ ▢

◯◯◯◯◯◯◯

$9-6=$ ▢

◯◯◯◯◯◯◯

$7-1=$ ▢

❀ 그림에서 뺀 수만큼 ×표 하고, ▢ 안에 그 수를 쓰세요.

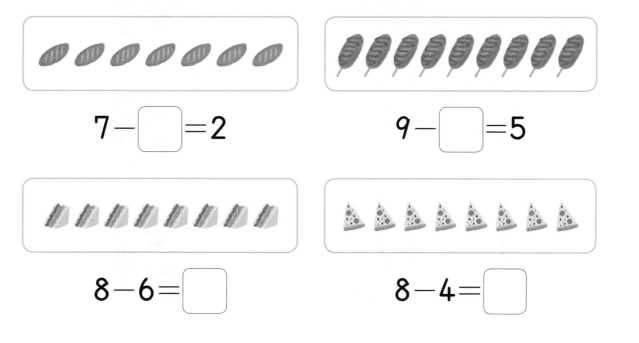

$7-$ ▢ $=2$

$9-$ ▢ $=5$

$8-6=$ ▢

$8-4=$ ▢

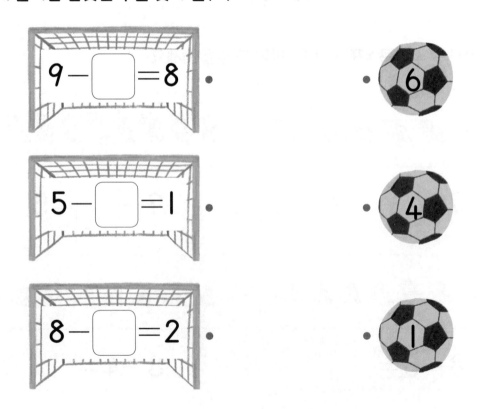

03 DAY

😈 그림을 보고, 뺀 수만큼 빈 곳에 ○를 그리고, □ 안에 그 수를 쓰세요.

$9 - \boxed{} = 4$

$8 - \boxed{} = 5$

😈 □ 안에 들어갈 알맞은 수를 찾아 줄(─)로 이으세요.

$9 - \boxed{} = 8$ ·

$5 - \boxed{} = 1$ ·

$8 - \boxed{} = 2$ ·

· 6

· 4

· 1

🐭 <보기>와 같이 그림을 보고, □ 안에 알맞은 수를 써서 식을 완성하세요.

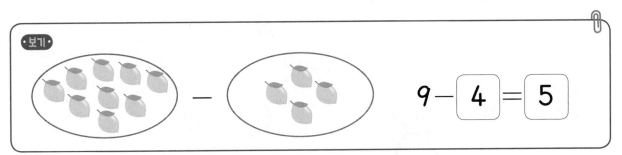

보기

$$9 - \boxed{4} = \boxed{5}$$

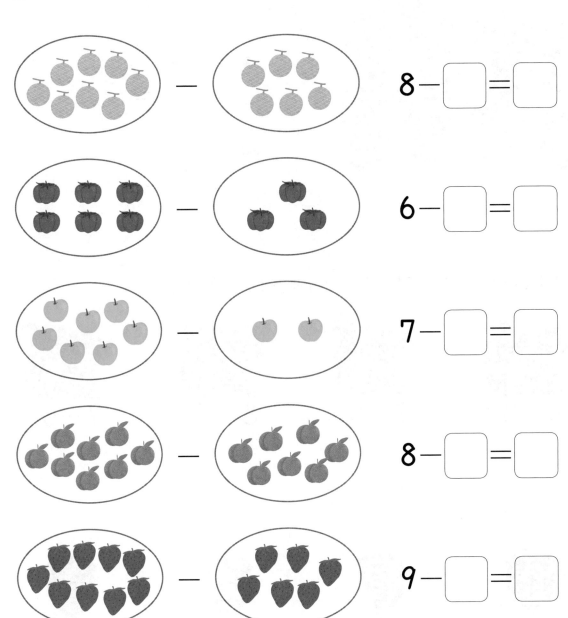

$$8 - \boxed{} = \boxed{}$$

$$6 - \boxed{} = \boxed{}$$

$$7 - \boxed{} = \boxed{}$$

$$8 - \boxed{} = \boxed{}$$

$$9 - \boxed{} = \boxed{}$$

🌸 그림을 보고, ☐ 안에 알맞은 수를 쓰세요.

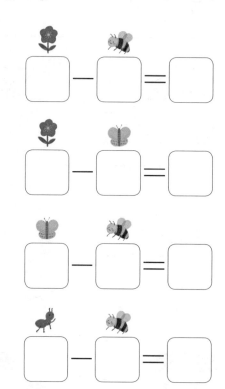

☐ — ☐ = ☐

☐ — ☐ = ☐

☐ — ☐ = ☐

☐ — ☐ = ☐

🌸 뺄셈을 하여 나온 수와 같은 수를 찾아 줄(─)로 이으세요.

 6 − 3

 9 − 4

 8 − 7

 7 − 5

 1

 2

 3

 5

❀ 그림을 보고, □ 안에 알맞은 수를 써서 식을 완성하세요.

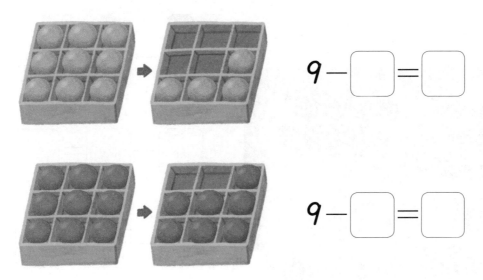

$9 - \boxed{} = \boxed{}$

$9 - \boxed{} = \boxed{}$

❀ 뺄셈을 하여 나온 수를 <보기>에서 찾아 주어진 색으로 색칠하세요.

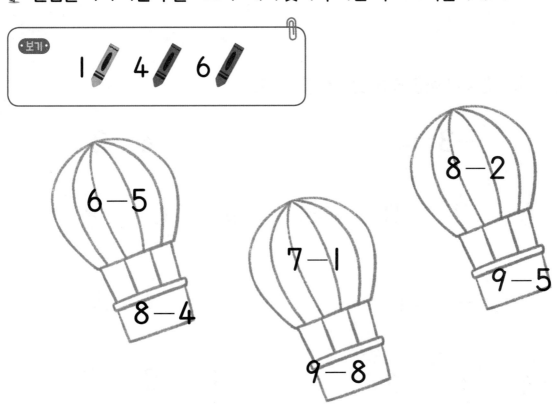

❀ 그림을 보고, ☐ 안에 알맞은 수를 쓰세요.

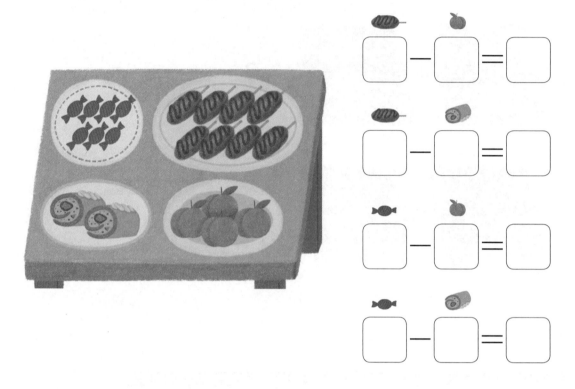

☐ － ☐ ＝ ☐

☐ － ☐ ＝ ☐

☐ － ☐ ＝ ☐

☐ － ☐ ＝ ☐

❀ ☐ 안에 들어갈 수가 적힌 것을 찾아 색칠하세요.

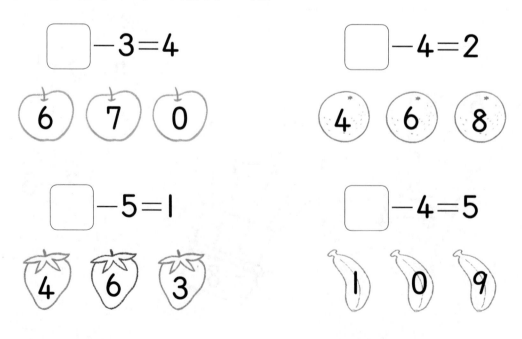

☐ －3＝4

6 7 0

☐ －4＝2

4 6 8

☐ －5＝1

4 6 3

☐ －4＝5

1 0 9

🌸 그림을 보고 처음에 몇 개가 있었을지 알맞은 수만큼 ○에 색칠하고, □ 안에 그 수를 쓰세요.

□ − 3 = 4

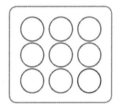  

□ − 6 = 2

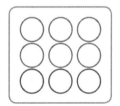  

□ − 2 = 4

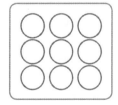  

□ − 1 = 8

우와~ 벌써 한 권을 다 풀었어요!

한 자리의 수와 순서, 덧셈과 뺄셈에 이어 다음 권에서는 10보다 큰 수를 배우고,
그 수들의 덧셈과 뺄셈을 하는 방법을 배워요.
자~ 함께 공부해 볼까요?

개발 책임 이운영
편집 관리 이채원
디자인 이현지 임성자
온라인 강진식
마케팅 박진용
관리 장희정
용지 영지페이퍼
인쇄 제본 벽호 · GKC
유통 북앤북

MEMO

독해력을 키우는 **단계별·수준별** 맞춤 훈련!!

초등
국어

일등급 독해력

▶ 전 6권 / 각 권 본문 176쪽 · 해설 48쪽 안팎

| 수업 집중도를 높이는 **교과서 연계 지문** | | 생각하는 힘을 기르는 **수능 유형 문제** | | 독해의 기초를 다지는 **어휘 반복 학습** |

≫ 초등 국어 독해, 왜 필요할까요?

- 초등학생 때 형성된 독서 습관이 모든 학습 능력의 기초가 됩니다.
- 글 속의 중심 생각과 정보를 자기 것으로 만들어 **문제를 해결하는 능력**은 한 번에 생기는 것이 아니므로, 좋은 글을 읽으며 차근차근 쌓아야 합니다.

《계산의 신》은

★ 최신 교육과정에 맞춘 단계별 계산 프로그램으로 계산법 완벽 습득
★ '단계별 묶어 풀기', '전체 묶어 풀기'로 체계적 복습까지 한 번에!
★ 좌뇌와 우뇌를 고르게 계발하는 수학 이야기와 수학 퀴즈로 창의성 쑥쑥!

아이들이 수학 문제를 풀 때 자꾸 실수하는 이유는 바로 계산력이 부족하기 때문입니다.
계산 문제에서 실수를 줄이면 점수가 오르고, 점수가 오르면 수학에 자신감이 생깁니다.
아이들에게 《계산의 신》으로 수학의 재미와 자신감을 심어 주세요.

		《계산의 신》 권별 핵심 내용	
초등 1학년	1권	자연수의 덧셈과 뺄셈 기본(1)	합과 차가 9까지인 덧셈과 뺄셈 받아올림/내림이 없는 (두 자리 수)±(한 자리 수)
	2권	자연수의 덧셈과 뺄셈 기본(2)	받아올림/내림이 없는 (두 자리 수)±(두 자리 수) 받아올림/내림이 있는 (한/두 자리 수)±(한 자리 수)
초등 2학년	3권	자연수의 덧셈과 뺄셈 발전	(두 자리 수)±(한 자리 수) (두 자리 수)±(두 자리 수)
	4권	네 자리 수/곱셈구구	네 자리 수 곱셈구구
초등 3학년	5권	자연수의 덧셈과 뺄셈/곱셈과 나눗셈	(세 자리 수)±(세 자리 수), (두 자리 수)×(한 자리 수) 곱셈구구 범위에서의 나눗셈
	6권	자연수의 곱셈과 나눗셈 발전	(세 자리 수)×(한 자리 수), (두 자리 수)×(두 자리 수) (두/세 자리 수)÷(한 자리 수)
초등 4학년	7권	자연수의 곱셈과 나눗셈 심화	(세 자리 수)×(두 자리 수) (두/세 자리 수)÷(두 자리 수)
	8권	분수와 소수의 덧셈과 뺄셈 기본	분모가 같은 분수의 덧셈과 뺄셈 소수의 덧셈과 뺄셈
초등 5학년	9권	자연수의 혼합 계산/분수의 덧셈과 뺄셈	자연수의 혼합 계산, 약수와 배수, 약분과 통분 분모가 다른 분수의 덧셈과 뺄셈
	10권	분수와 소수의 곱셈	(분수)×(자연수), (분수)×(분수) (소수)×(자연수), (소수)×(소수)
초등 6학년	11권	분수와 소수의 나눗셈 기본	(분수)÷(자연수), (소수)÷(자연수) (자연수)÷(자연수)
	12권	분수와 소수의 나눗셈 발전	(분수)÷(분수), (자연수)÷(분수), (소수)÷(소수), (자연수)÷(소수), 비례식과 비례배분

계산의 신 神

예비초 ①

정답

🌟 수를 쓰고, 읽어 보세요.

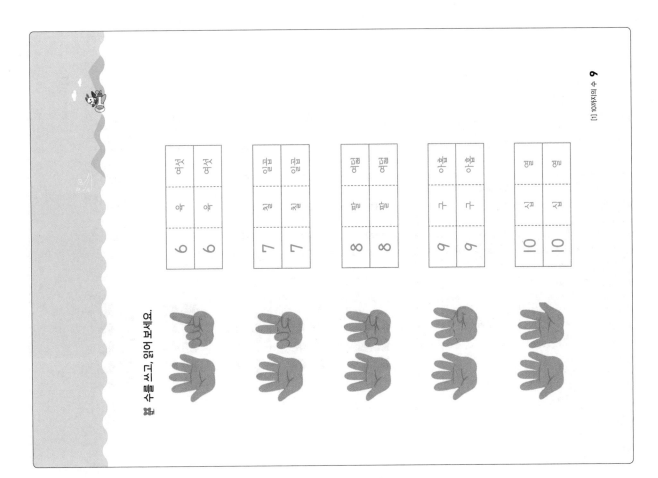

🌟 수를 쓰고, 읽어 보세요.

DAY 01

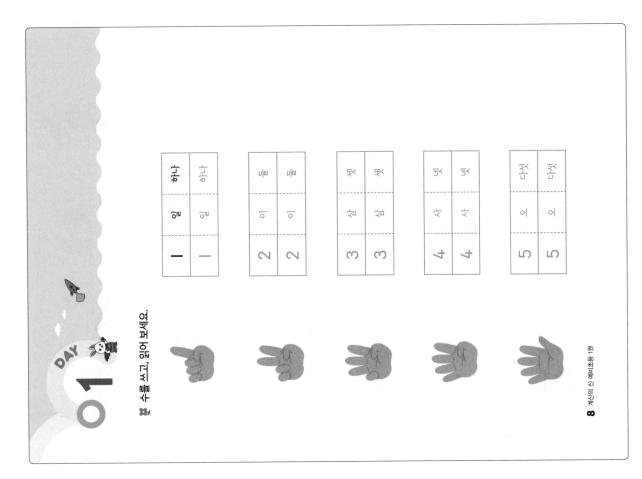

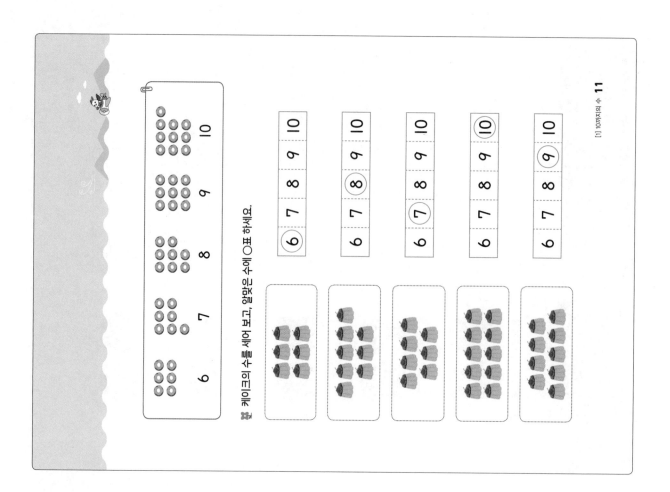

케이크의 수를 세어 보고, 알맞은 수에 ○표 하세요.

⑥ 7 8 9 10

6 7 ⑧ 9 10

6 ⑦ 8 9 10

6 7 8 9 ⑩

6 7 8 ⑨ 10

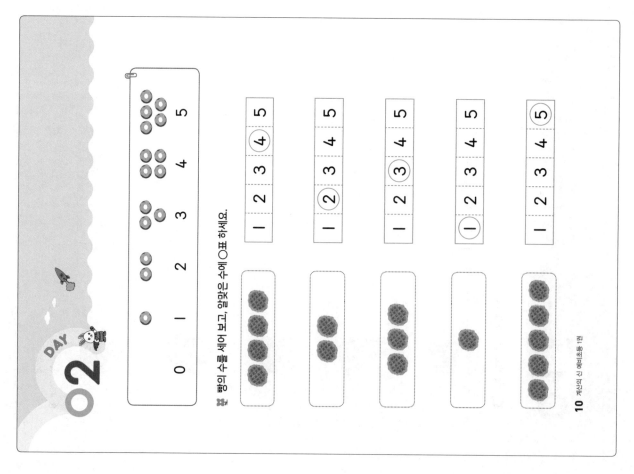

빵의 수를 세어 보고, 알맞은 수에 ○표 하세요.

1 2 3 ④ 5

1 ② 3 4 5

1 2 ③ 4 5

① 2 3 4 5

1 2 3 4 ⑤

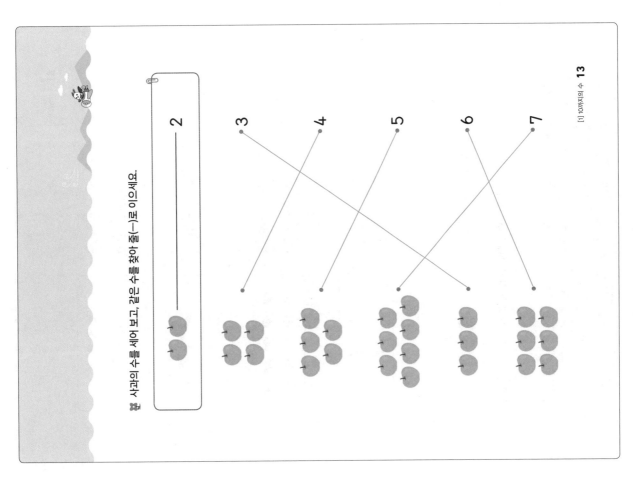

☀ 사과의 수를 세어 보고, 같은 수를 찾아 줄(─)로 이으세요.

DAY 03

☀ 사탕의 수를 세어 보고, 알맞은 수에 색칠하세요.

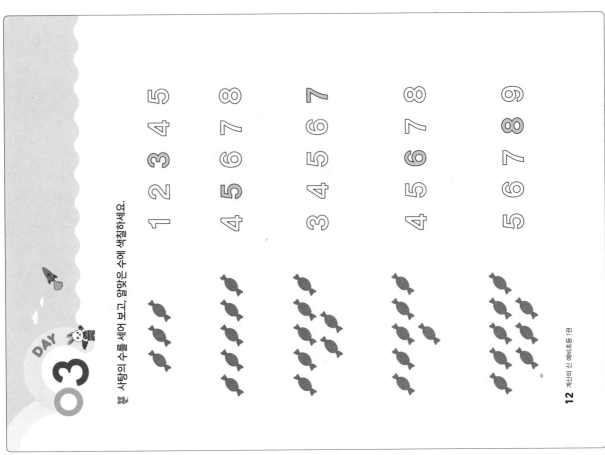

DAY 04

나비의 수를 세어 보고, □ 안에 그 수를 쓰세요.

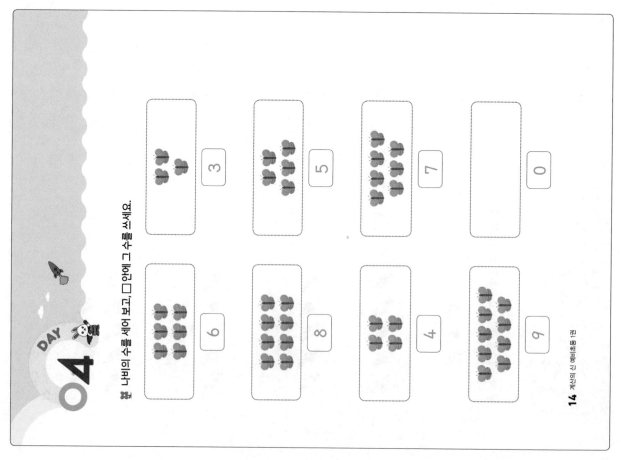

3

5

7

0

6

8

4

9

물건의 수만큼 ○를 색칠하고, □ 안에 그 수를 쓰세요.

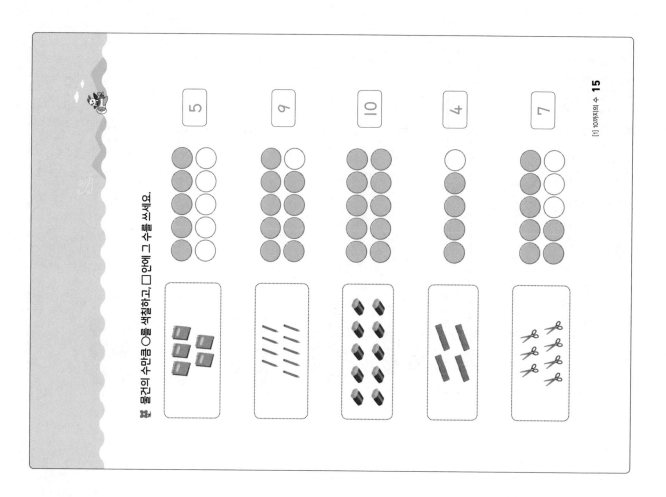

5

9

10

4

7

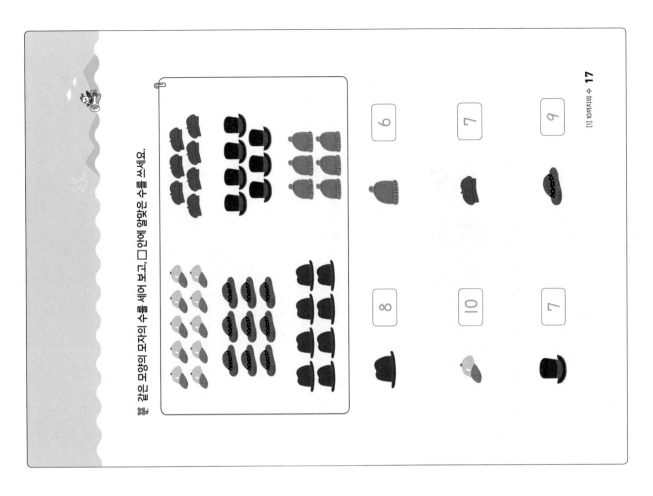

같은 모양의 모자의 수를 세어 보고, □ 안에 알맞은 수를 쓰세요.

05 DAY

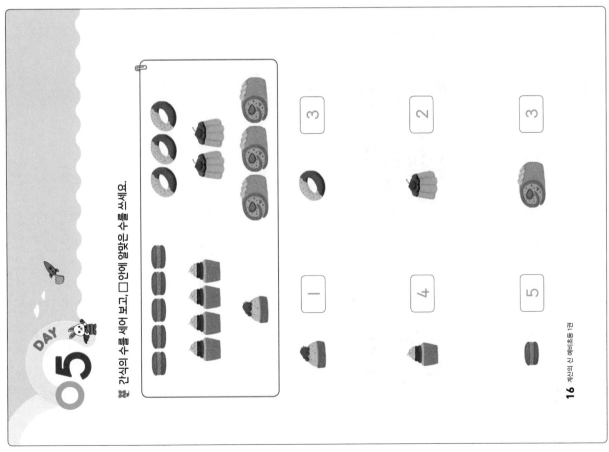

간식의 수를 세어 보고, □ 안에 알맞은 수를 쓰세요.

DAY 01

몇째에 있을까요?

| 1 첫째 | 2 둘째 | 3 셋째 | 4 넷째 | 5 다섯째 | 6 여섯째 | 7 일곱째 | 8 여덟째 | 9 아홉째 |

승우는 왼쪽에서 몇째에 있는지 말해 보세요.

일곱째

유주는 오른쪽에서 몇째에 있는지 말해 보세요.

다섯째

왼쪽에서 셋째에 있는 친구의 이름을 말해 보세요.

은호

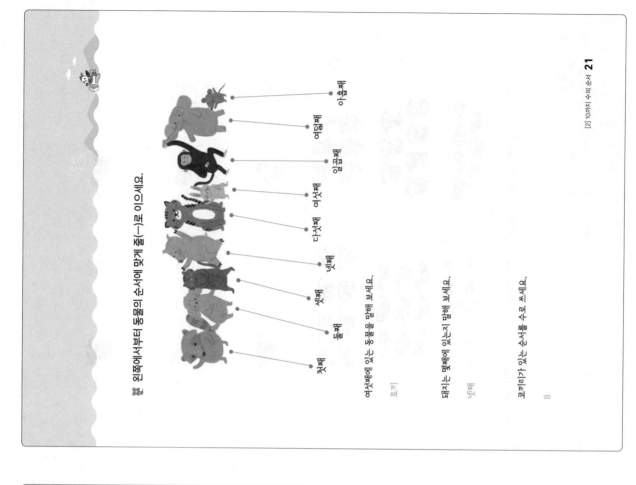

왼쪽에서부터 동물의 순서에 맞게 줄(—)로 이으세요.

첫째 둘째 셋째 넷째 다섯째 여섯째 일곱째 여덟째 아홉째

여섯째에 있는 동물을 말해 보세요.

토끼

돼지는 몇째에 있는지 말해 보세요.

넷째

코끼리가 있는 순서를 수로 쓰세요.

8

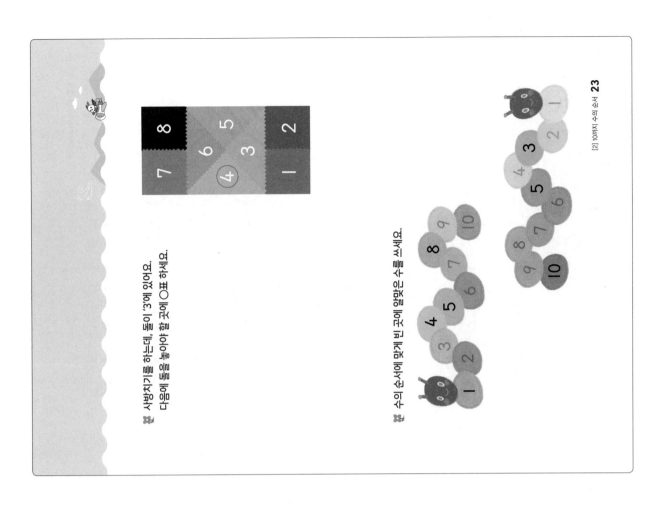

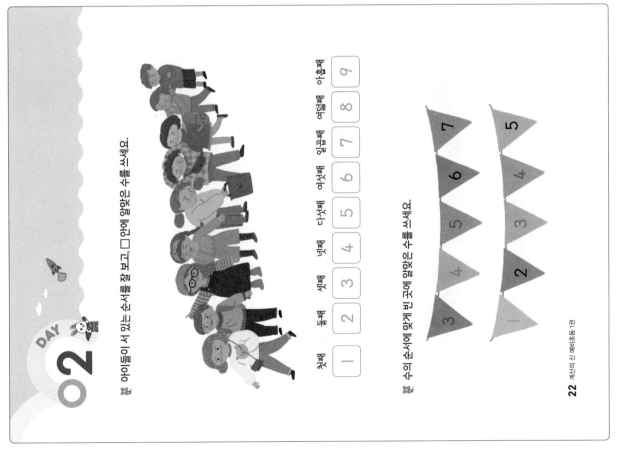

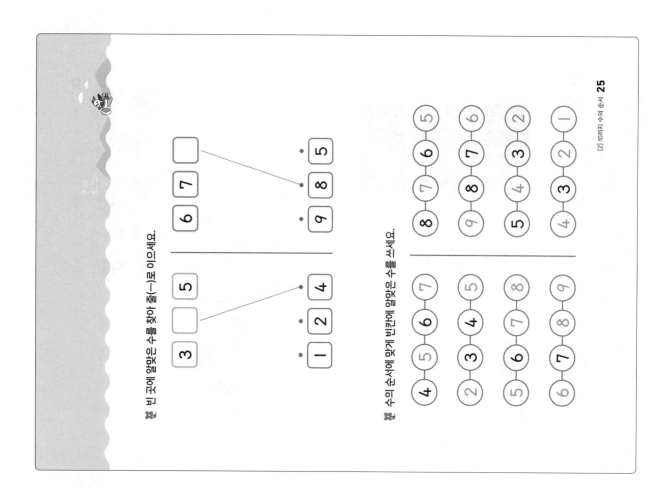

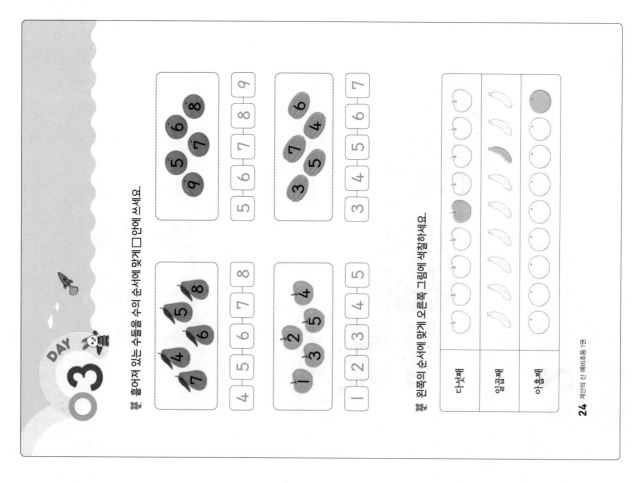

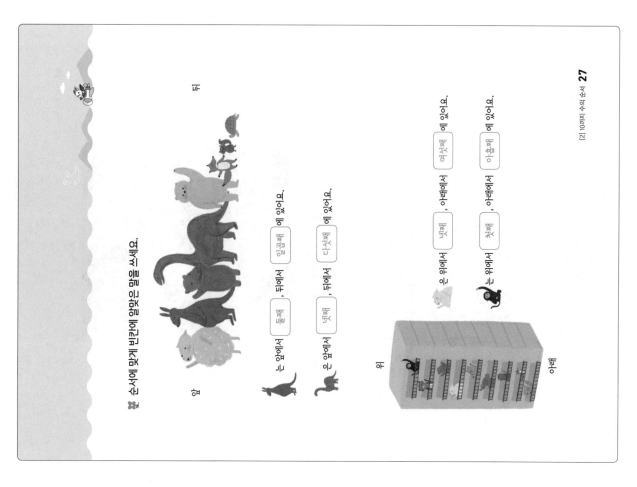

😺 순서에 맞게 빈칸에 알맞은 말을 쓰세요.

앞

뒤

🦭 는 앞에서 둘째 , 뒤에서 세번째 에 있어요.

🐱 은 앞에서 넷째 , 뒤에서 다섯째 에 있어요.

🐀 은 위에서 넷째 , 아래에서 여섯째 에 있어요.

🐵 는 위에서 첫째 , 아래에서 아홉째 에 있어요.

위

아래

DAY 04

😺 앞에서 몇째인지 순서에 맞게 ◯에 색칠하고, 알맞은 말에 ◯표 하세요.

앞

뒤

앞 ◯◯◯◯●◯ 뒤 (첫째, ⓛ둘째, 셋째, 넷째)

앞 ◯◯◯●◯◯ 뒤 (셋째, ⓛ넷째, 다섯째, 여섯째)

앞 ◯◯◯◯◯◯ 뒤 (첫째, 둘째, ⓛ셋째, 넷째)

앞 ●◯◯◯◯◯ 뒤 (셋째, 넷째, 다섯째, ⓛ여섯째)

앞 ◯◯◯◯◯● 뒤 (ⓛ첫째, 둘째, 셋째, 넷째)

DAY 05

✖ 화살표를 따라 순서에 맞게 알맞은 수를 쓰세요.

✖ 1~9까지 수를 순서대로 따라가서 놀이터에 도착할 수 있도록 길을 그리세요.

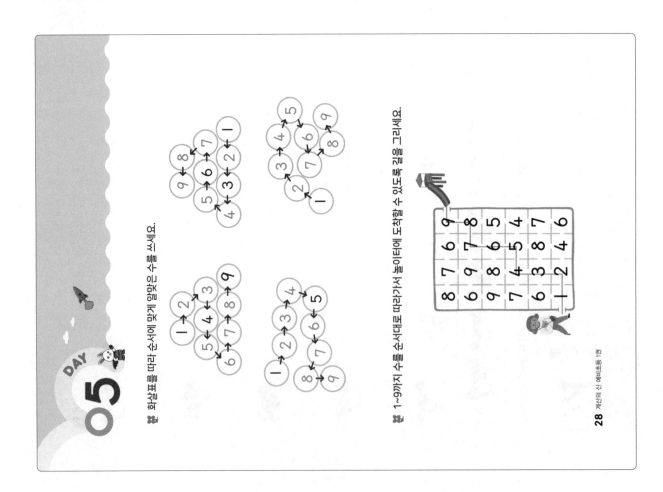

✖ 수의 순서대로 따라가며 줄(—)로 이으세요.

하나	셋	둘	여덟
둘	넷	셋	하나
셋	여덟	여섯	일곱
넷	다섯	둘	여덟
일곱	여섯	여덟	셋

첫째	둘째	일곱째	여섯째	아홉째
여섯째	셋째	넷째	여덟째	여섯째
일곱째	여덟째	다섯째	여덟째	넷째
여덟째	여섯째	아홉째	일곱째	여덟째
아홉째	넷째	둘째	셋째	아홉째

✖ 나들이를 가고 있어요. 숙소에 도착할 수 있도록 1~9까지의 수를 차례대로 쓰세요.

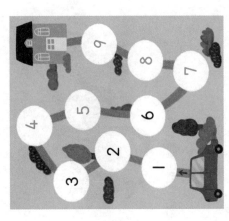

---

01 DAY

❄ 두 종류의 공을 모아 그 수만큼 오른쪽 ○에 색칠하세요.

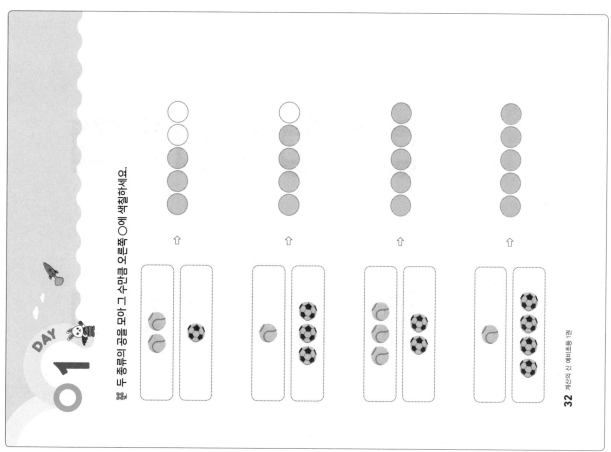

❄ 과일을 한 곳으로 모으면 모두 몇 개인지 □ 안에 알맞은 수를 쓰세요.

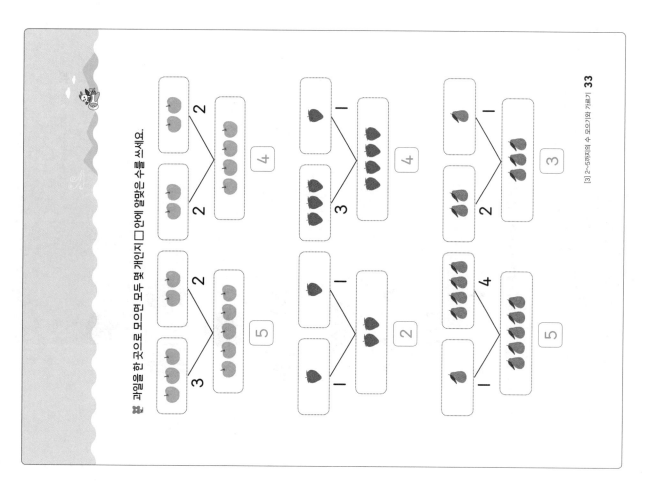

✿ 왼쪽의 그림을 보고, 각각의 수를 세어 오른쪽 □ 안에 쓰세요.

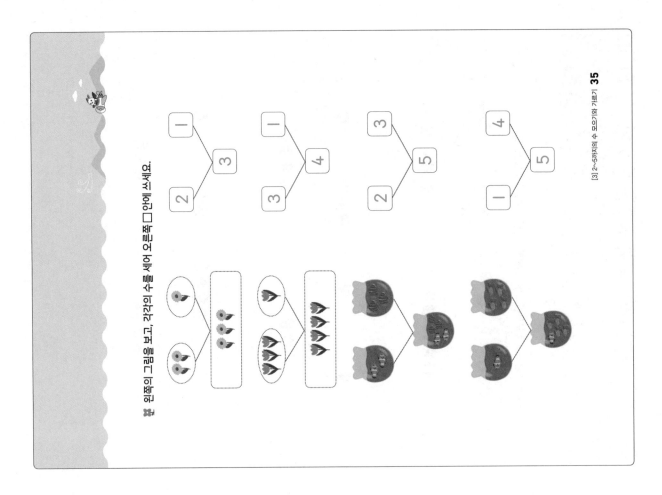

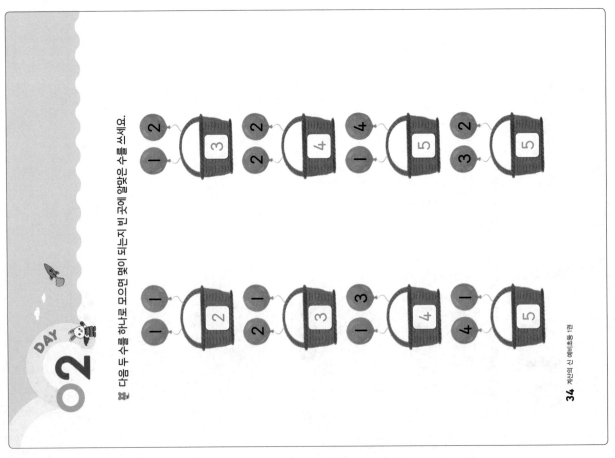

✿ 다음 두 수를 하나로 모으면 몇이 되는지 빈 곳에 알맞은 수를 쓰세요.

❄ 같은 종류끼리 둘로 나누어 담으면 접시마다 담은 음식의 수는 몇 개일까요? 왼쪽의 그림을 보고, 오른쪽 □ 안에 알맞은 수를 쓰세요.

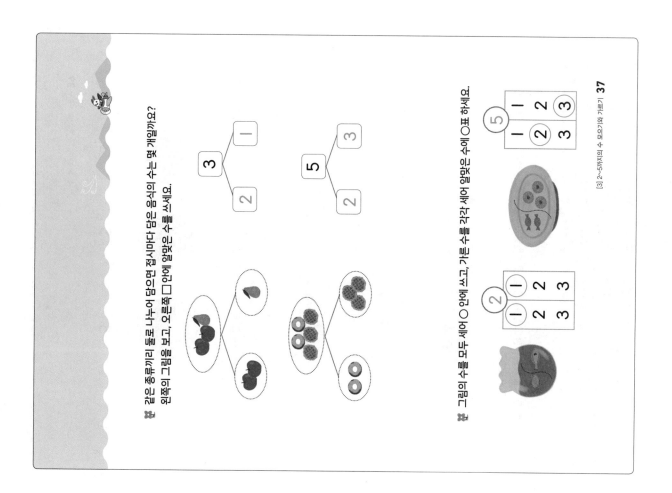

❄ 그림의 수를 모두 세어 ○ 안에 쓰고, 가른 수를 각각 세어 알맞은 수에 ○표 하세요.

DAY 03

❄ 구슬을 둘로 가르고 빈 곳에 알맞은 수만큼 ○를 그리세요.

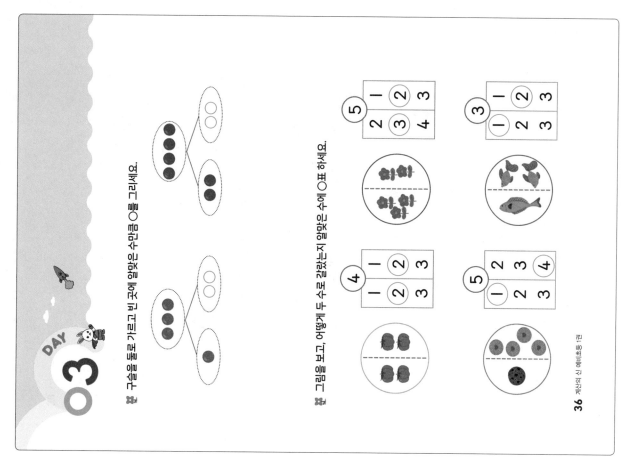

❄ 그림을 보고, 어떻게 두 수로 갈랐는지 알맞은 수에 ○표 하세요.

DAY 04

☀ 그림에서 동물의 수를 세어 보고, ☐ 안에 알맞은 수를 쓰세요.

☀ 두 수로 가르기 한 그림을 보고, ☐ 안에 알맞은 수를 쓰세요.

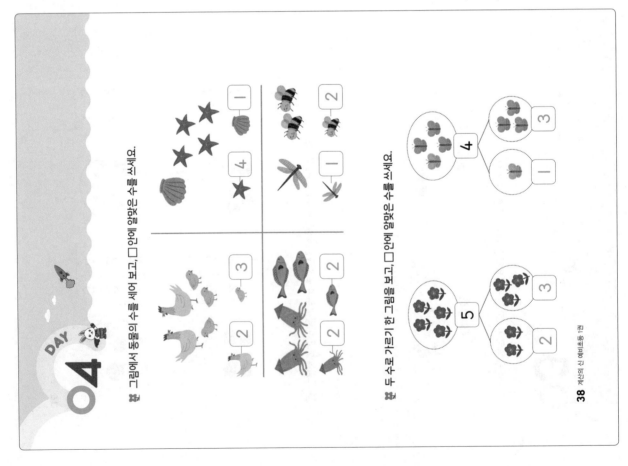

☀ 두 수로 가르기 한 그림이에요. 빈 곳에 알맞은 수만큼 같은 모양을 그리고, ☐ 안에 수를 쓰세요.

☀ 유리병 안의 구슬을 두 손에 나누어 가졌어요. 나머지 한 손에 있는 구슬의 수를 ☐ 안에 쓰세요.

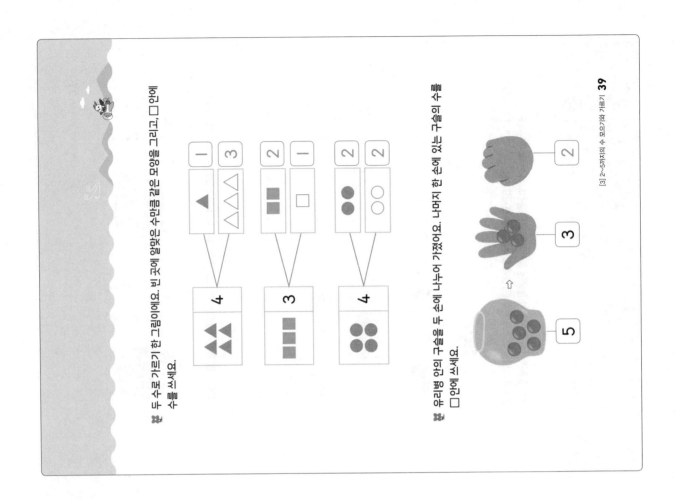

05 DAY

두 수로 가르기 한 그림을 보고, □ 안에 알맞은 수를 쓰세요.

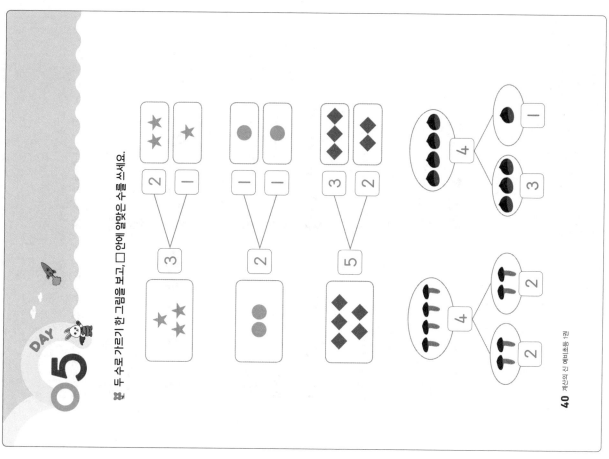

두 수로 가르기 했어요. □ 안에 알맞은 수를 쓰세요.

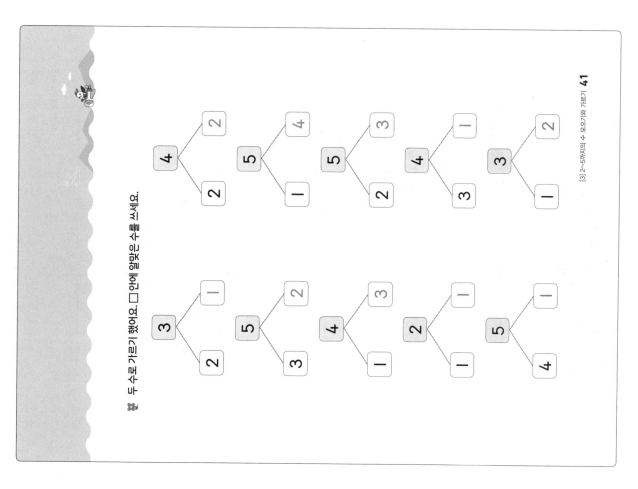

[4] 5까지의 덧셈

그림과 같이 두 수를 하나로 모아 빈 곳에 알맞은 수만큼 ○를 그리세요.

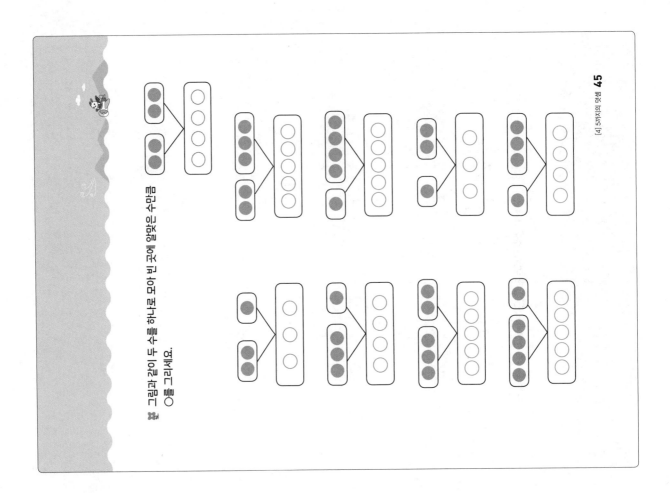

---

01 DAY

그림을 보고, □안에 알맞은 수를 쓰세요.

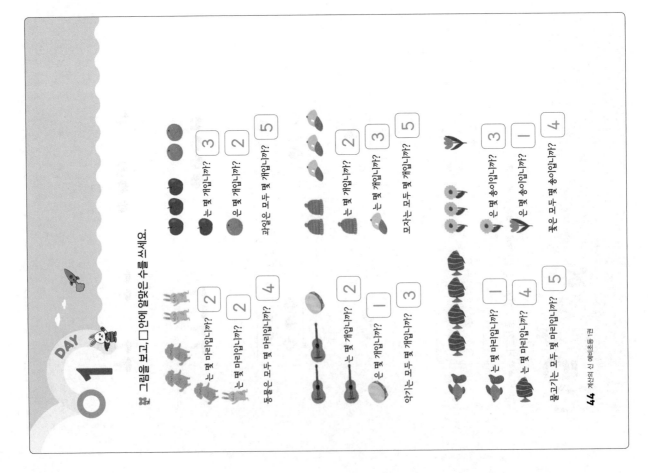

44 개선의 신 예비초등 1권

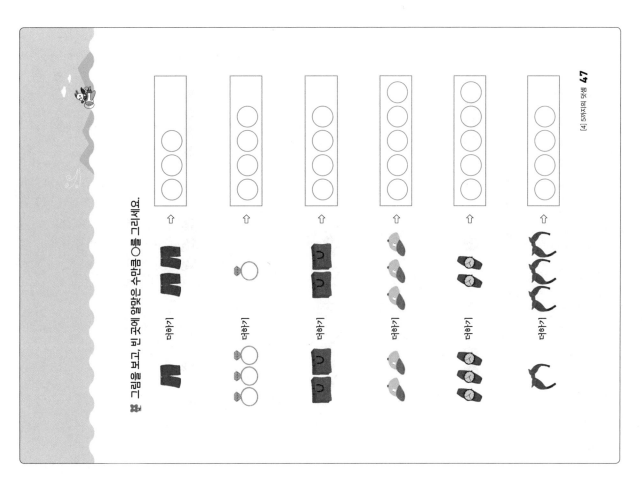

❋ 그림을 보고, 빈 곳에 알맞은 수만큼 ○를 그리세요.

더하기

더하기

더하기

더하기

더하기

더하기

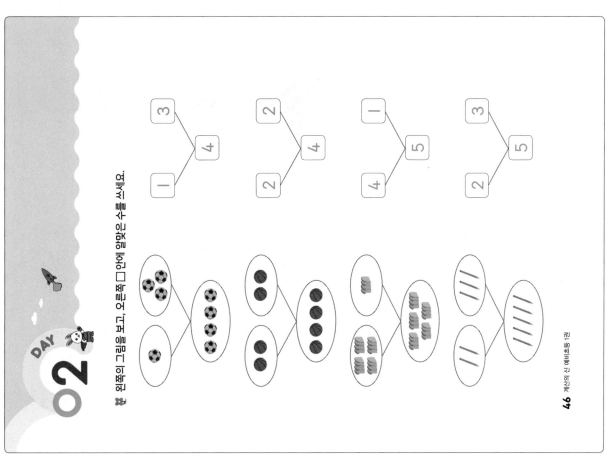

DAY 02

❋ 왼쪽의 그림을 보고, 오른쪽 □안에 알맞은 수를 쓰세요.

1	4	3
2	4	2
4	5	1
2	5	3

그림의 수만큼 ○을 색칠하고, □안에 알맞은 수를 쓰세요.

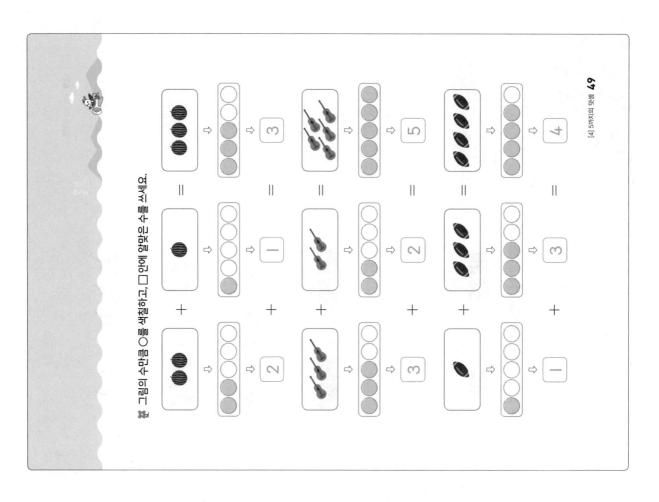

그림을 보고, □안에 알맞은 수를 쓰세요.

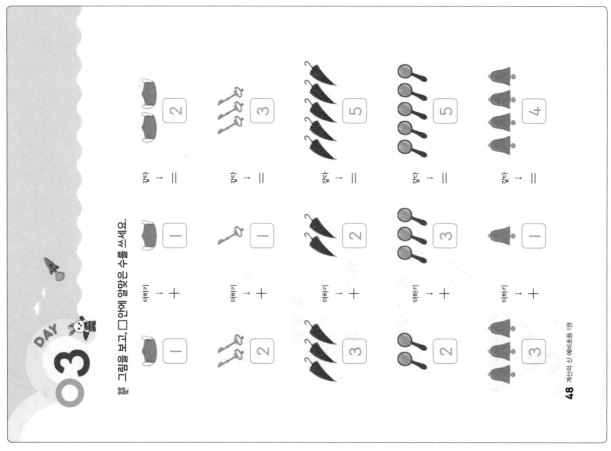

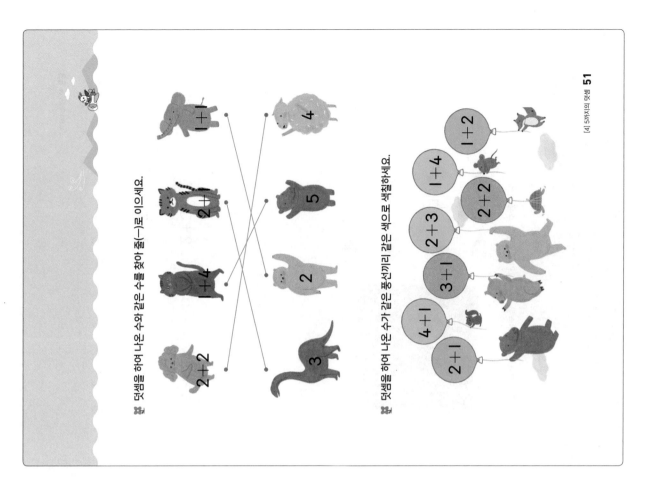

덧셈을 하여 나온 수와 같은 수를 찾아 줄(—)로 이으세요.

1+1   4
2+1   5
1+4   2
2+2   3

덧셈을 하여 나온 수가 같은 풍선끼리 같은 색으로 색칠하세요.

1+2
1+4
2+2
2+3
3+1
4+1
2+1

---

04 DAY

<보기>와 같이 그림을 보고 빈 곳에 알맞은 수만큼 ○를 그리고, □ 안에 수를 쓰세요.

보기

□ + □ = □
2 + 2 = 4

□ + □ = □
3 + 1 = 4

□ + □ = □
1 + 1 = 2

□ + □ = □
1 + 4 = 5

DAY 05

그림을 보고, 덧셈을 하여 □ 안에 알맞은 수를 쓰세요.

1+1=2	3+2=5
2+2=4	1+3=4
3+1=4	2+3=5
1+2=3	1+4=5

그림에서 필기구의 수를 세어 □ 안에 알맞은 수를 쓰세요.

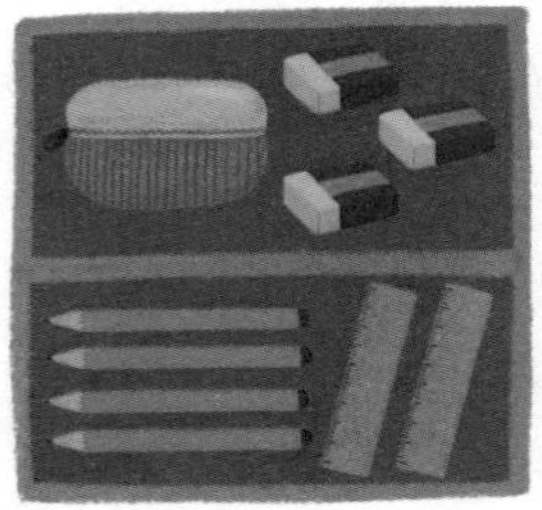

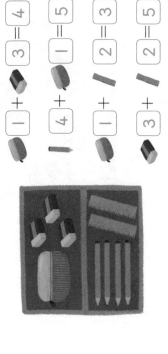

1+3=4

4+1=5

1+2=3

3+2=5

덧셈을 하여 □ 안에 알맞은 수를 쓰세요.

2+2=4	2+1=3
1+3=4	2+3=5
1+1=2	1+4=5
3+2=5	3+1=4

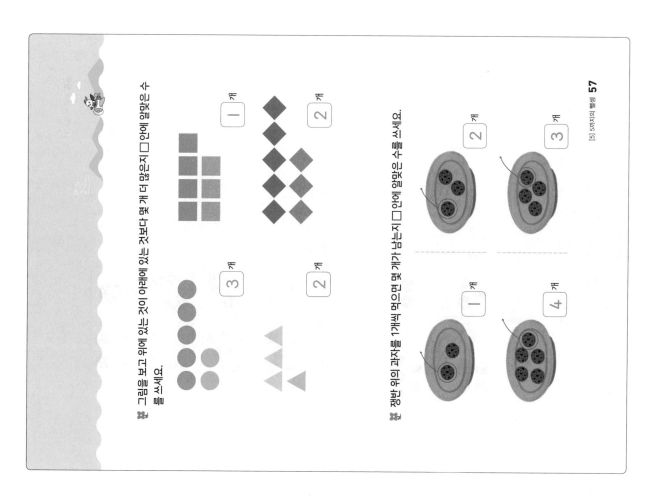

그림을 보고 아래에 있는 것이 위에 있는 것보다 몇 개 더 많은지 □ 안에 알맞은 수를 쓰세요.

3 개

2 개

1 개

2 개

쟁반 위의 과자를 1개씩 먹으면 몇 개가 남는지 □ 안에 알맞은 수를 쓰세요.

1 개

4 개

2 개

3 개

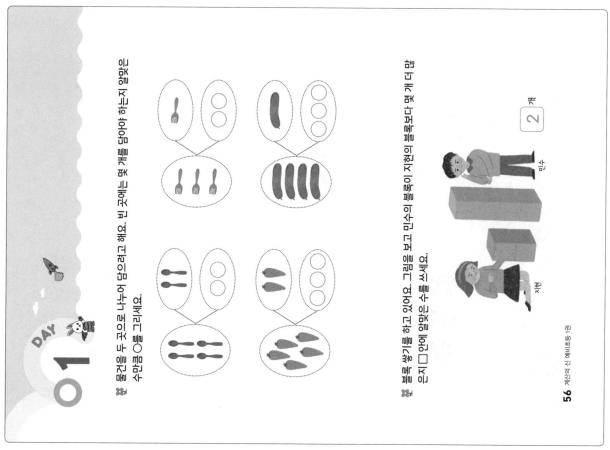

DAY 01

물건을 두 곳으로 나누어 담으려고 해요. 빈 곳에는 몇 개를 담아야 하는지 알맞은 수만큼 ○를 그리세요.

블록 쌓기를 하고 있어요. 그림을 보고 민수의 블록이 지현이 블록보다 몇 개 더 많은지 □ 안에 알맞은 수를 쓰세요.

지현

민수

2 개

그림을 보고, □ 안에 알맞은 수를 쓰세요.

□ 안의 왼쪽에서 오른쪽의 수만큼 빼고 남은 수와 같은 수를 찾아 줄(—)로 이으세요.

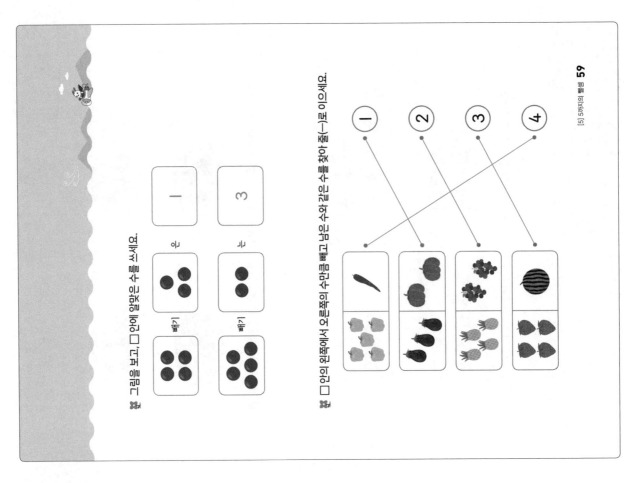

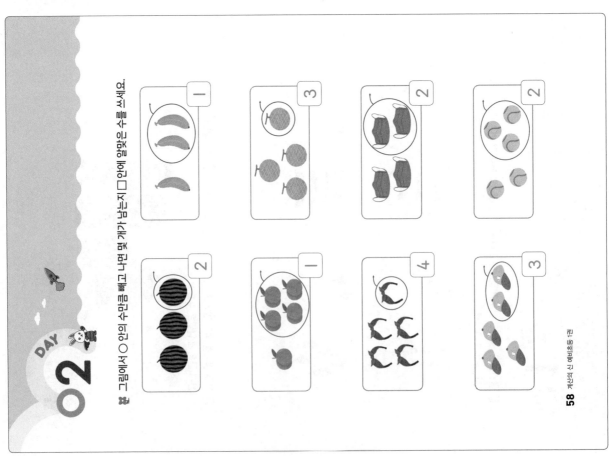

그림에서 ○ 안의 수만큼 빼고 나면 몇 개가 남는지 □ 안에 알맞은 수를 쓰세요.

DAY 02

❖ 그림을 보고, □ 안에 알맞은 수를 쓰세요.

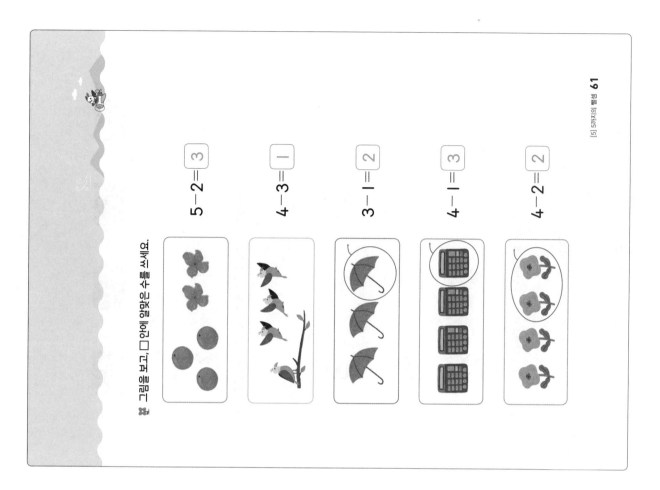

$5-2=3$

$4-3=1$

$3-1=2$

$4-1=3$

$4-2=2$

---

03 DAY

❖ 그림을 보고, □ 안에 알맞은 수를 쓰세요.

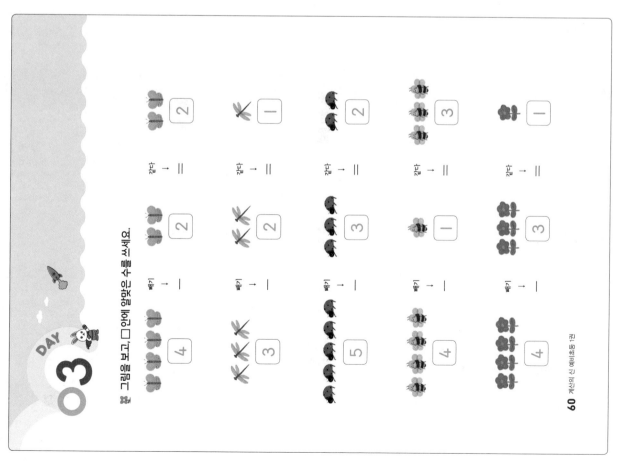

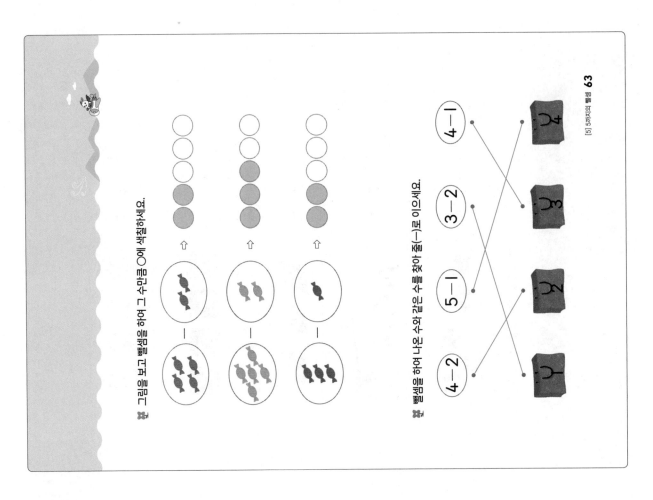

※ 그림을 보고 뺄셈을 하여 그 수만큼 ○에 색칠하세요.

※ 뺄셈을 하여 나온 수와 같은 수를 찾아 줄(—)로 이으세요.

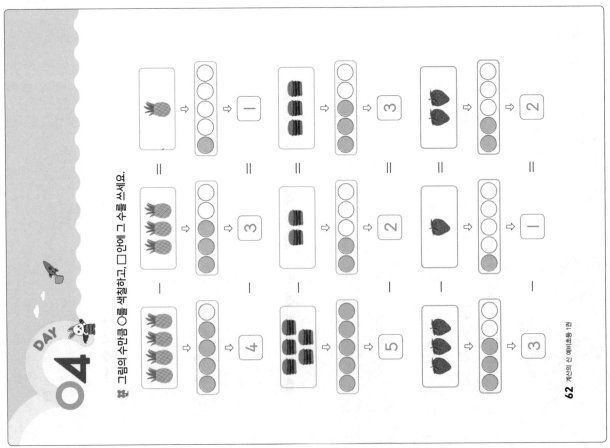

DAY 04

※ 그림의 수만큼 ○를 색칠하고, □안에 그 수를 쓰세요.

DAY 05

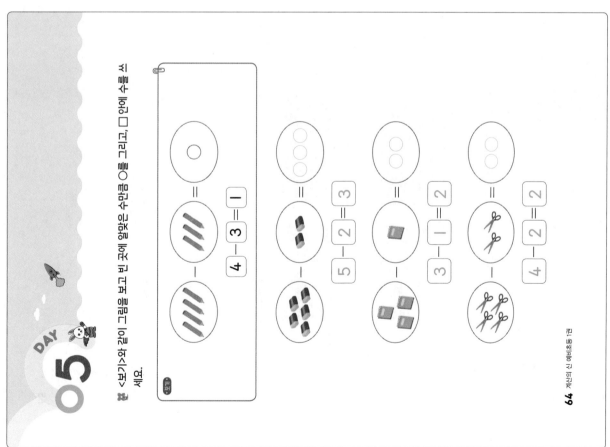

❀ <보기>와 같이 그림을 보고 빈 곳에 알맞은 수만큼 ○를 그리고, □ 안에 수를 쓰세요.

보기
4 - 3 = 1

5 - 2 = 3

3 - 1 = 2

4 - 2 = 2

64 계산의 신 예비초등 1권

❀ 그림을 보고, □ 안에 알맞은 수를 쓰세요.

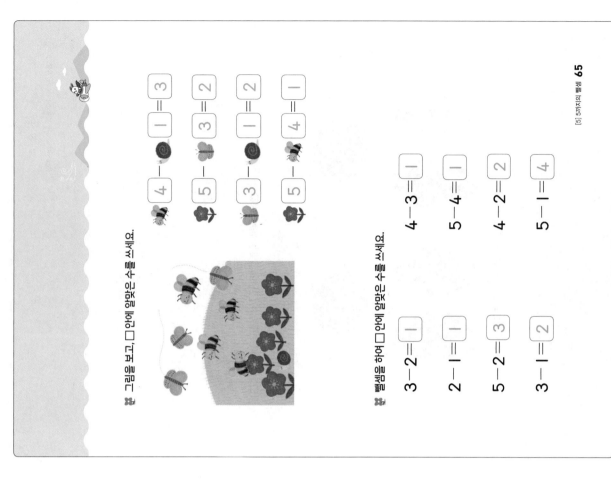

4 - 1 = 3

5 - 3 = 2

3 - 1 = 2

5 - 4 = 1

❀ 뺄셈을 하여 □ 안에 알맞은 수를 쓰세요.

3 - 2 = 1

2 - 1 = 1

5 - 2 = 3

3 - 1 = 2

4 - 3 = 1

5 - 4 = 1

4 - 2 = 2

5 - 1 = 4

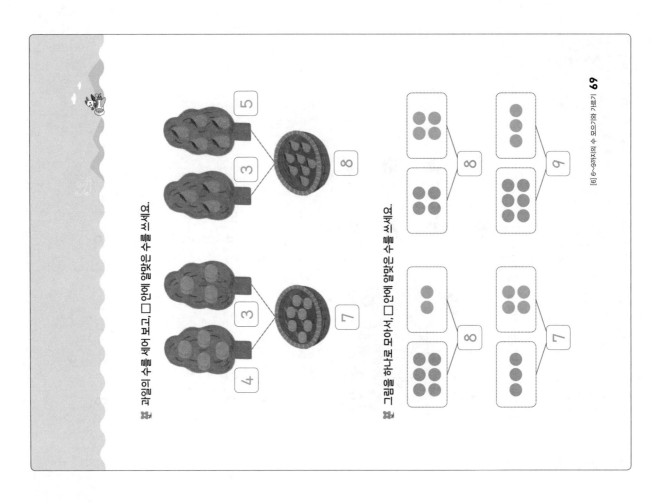

✿ 과일의 수를 세어 보고, □ 안에 알맞은 수를 쓰세요.

✿ 그림을 하나로 모아서, □ 안에 알맞은 수를 쓰세요.

DAY 01

✿ 금붕어를 어항에 넣으면 모두 몇 마리일까요? 오른쪽 어항의 빈 곳에 알맞은 수만큼 ○를 그리세요.

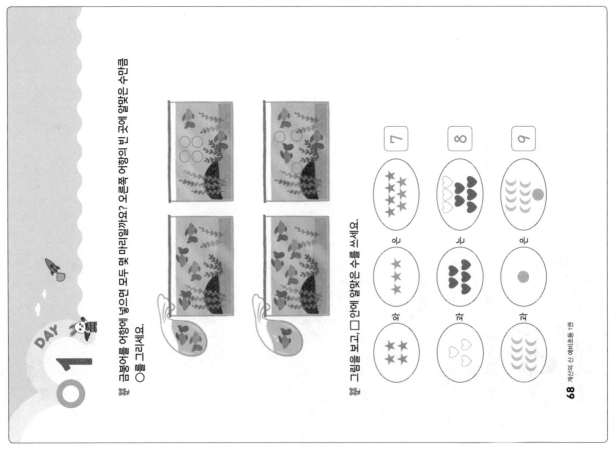

✿ 그림을 보고 □ 안에 알맞은 수를 쓰세요.

❀ 그림을 하나로 모아서 알맞은 수만큼 ○에 색칠하고, □ 안에 수를 쓰세요.

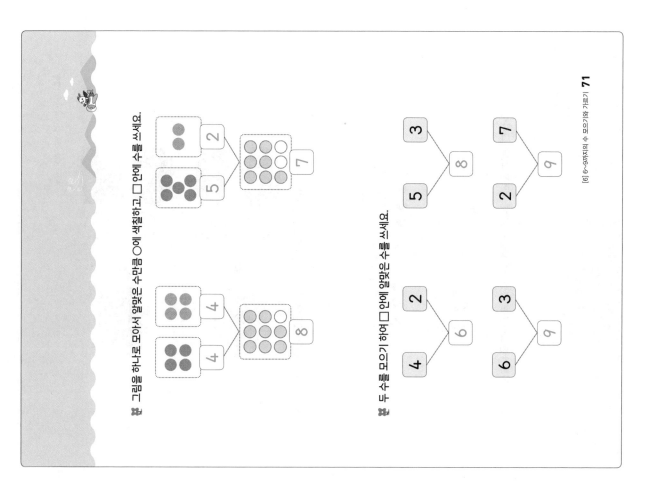

❀ 두 수를 모으기 하여 □ 안에 알맞은 수를 쓰세요.

❀ 구슬의 수를 세어 보고, □ 안에 알맞은 수를 쓰세요.

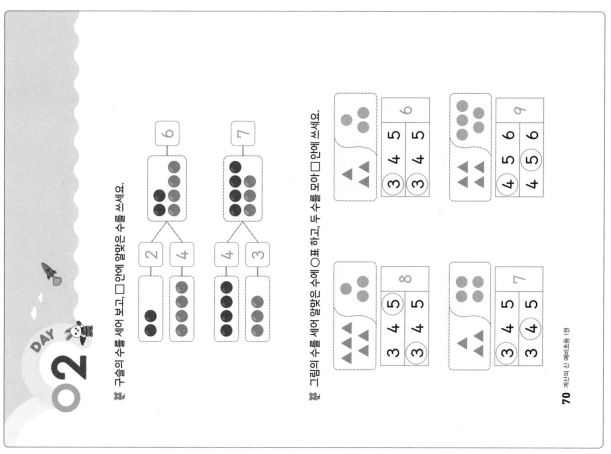

❀ 그림의 수를 세어 알맞은 수에 ○표 하고, 두 수를 모아 □ 안에 쓰세요.

■ 둘로 가르기 한 그림을 보고, 빈 곳에 알맞은 수만큼 주어진 모양을 그리세요.

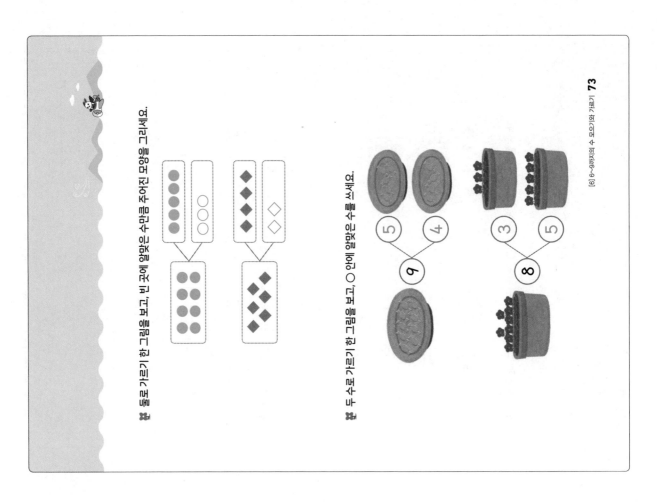

■ 두 수로 가르기 한 그림을 보고, ○ 안에 알맞은 수를 쓰세요.

DAY 03

■ 둘로 가르기 한 그림을 보고, 빈 곳에 알맞은 수만큼 ○를 그리세요.

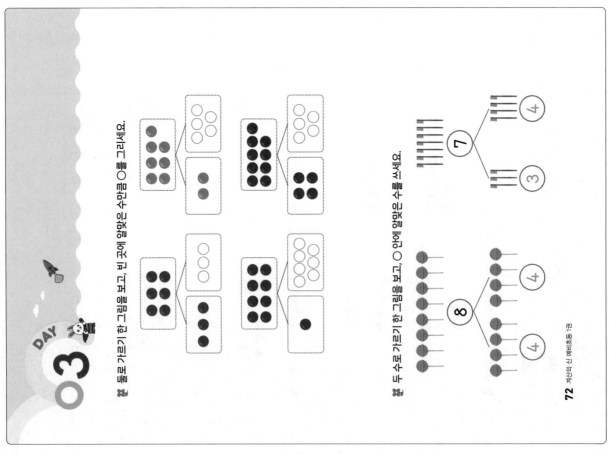

■ 두 수로 가르기 한 그림을 보고, ○ 안에 알맞은 수를 쓰세요.

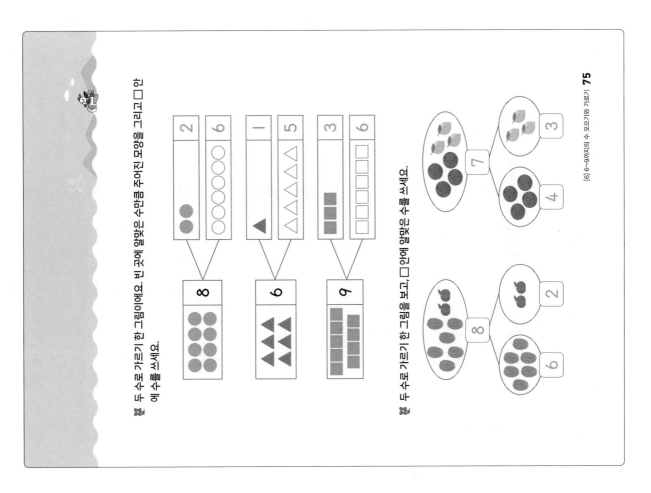

두 수로 가르기 한 그림이에요. 빈 곳에 알맞은 수만큼 주어진 모양을 그리고 □ 안에 수를 쓰세요.

두 수로 가르기 한 그림을 보고, □ 안에 알맞은 수를 쓰세요.

[6] 6~9까지의 수 모으기와 가르기 **75**

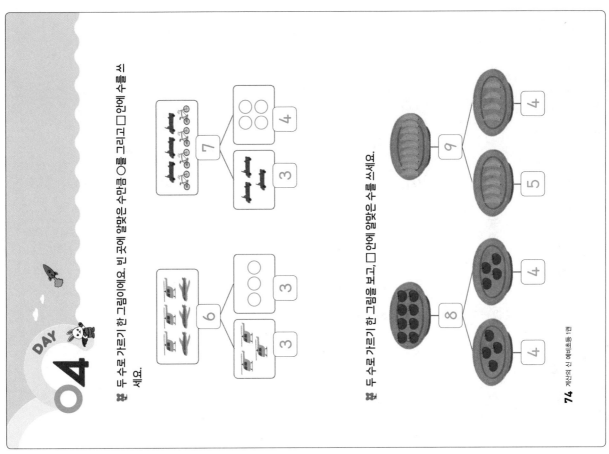

DAY 04

두 수로 가르기 한 그림이에요. 빈 곳에 알맞은 수만큼 ○를 그리고 □ 안에 수를 쓰세요.

두 수로 가르기 한 그림을 보고, □ 안에 알맞은 수를 쓰세요.

74 계산의 신 예비초등 1권

05 DAY

두 수로 가르기 한 것을 보고, □ 안에 알맞은 수를 쓰세요.

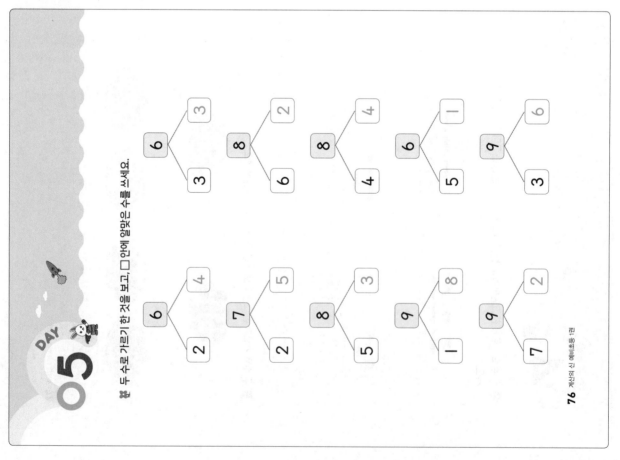

왼쪽의 수를 가르기와 모으기 해서 빈칸에 알맞은 수를 쓰세요.

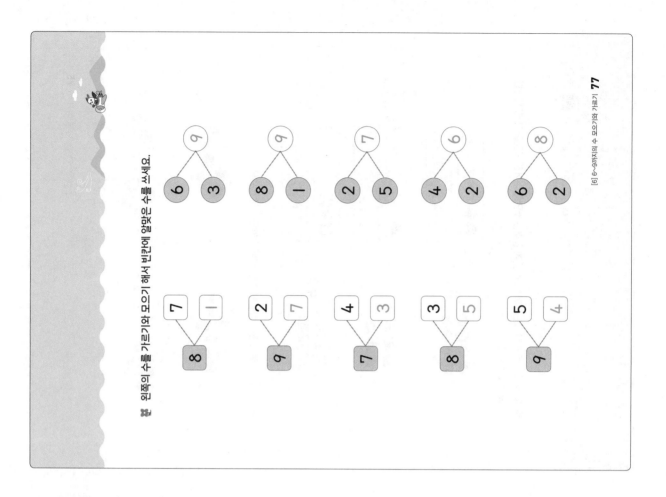

DAY 01

※ 두 종류의 사탕의 개수를 더하면 모두 몇 개인지 세어 보고, 같은 수를 찾아 줄(—)로 이으세요.

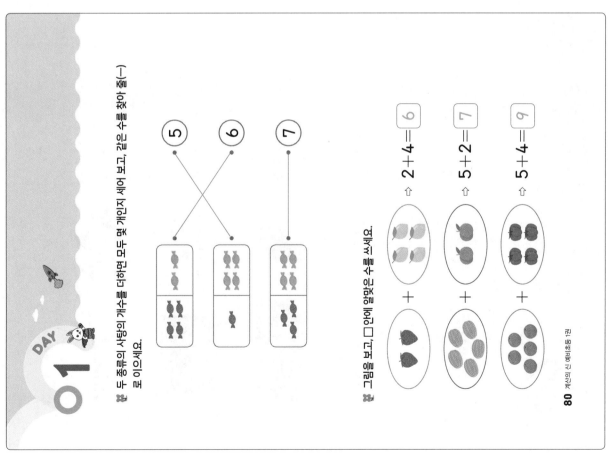

※ 그림을 보고, □ 안에 알맞은 수를 쓰세요.

2+4= 6

5+2= 7

5+4= 9

※ 그림을 보고, □ 안에 알맞은 수를 쓰세요.

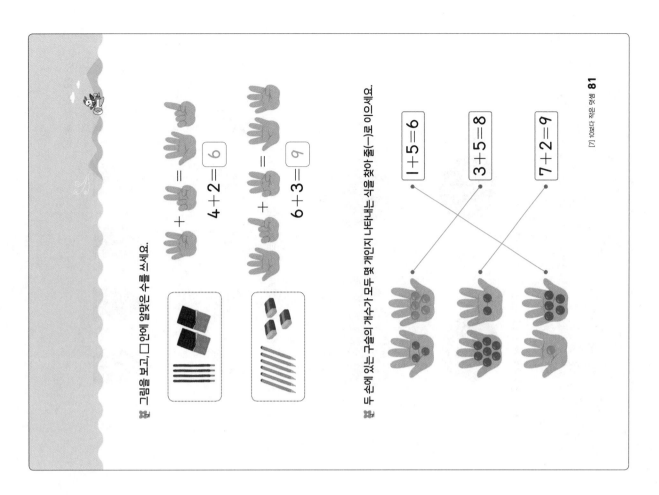

4+2= 6

6+3= 9

※ 두 손에 있는 구슬의 개수가 모두 몇 개인지 나타내는 식을 찾아 줄(—)로 이으세요.

1+5=6

3+5=8

7+2=9

DAY 02

그림을 보고, □ 안에 알맞은 수를 쓰세요.

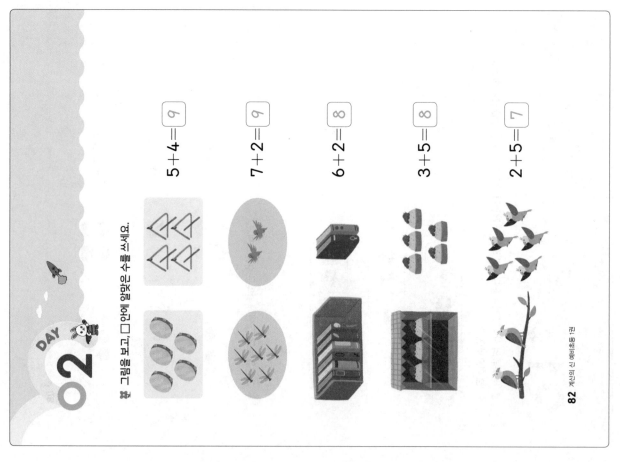

$5+4=9$

$7+2=9$

$6+2=8$

$3+5=8$

$2+5=7$

그림의 수를 세어 보고, □ 안에 알맞은 수를 쓰세요.

$6+1=7$

$7+2=9$

$4+4=8$

$6+2=8$

두 수를 더하여 6이 되는 수끼리 줄(ㅡ)로 이으세요.

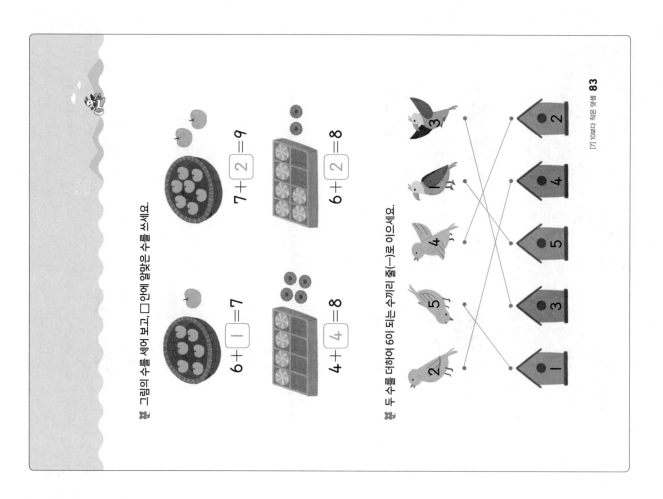

✿ 그림을 보고, □ 안에 알맞은 수를 쓰세요.

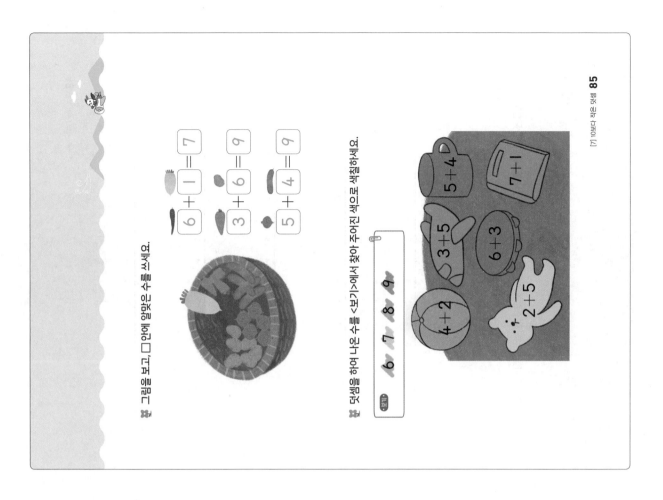

6 + 1 = 7
3 + 6 = 9
5 + 4 = 9

✿ 덧셈을 하여 나온 수를 <보기>에서 찾아 주어진 색으로 색칠하세요.

보기 6 7 8 9

5+4   7+1   3+5   6+3   4+2   2+5

DAY 03

✿ 그림을 보고, □ 안에 알맞은 수를 쓰세요.

1 + 6 = 7
6 + 2 = 8
4 + 4 = 8
2 + 5 = 7

✿ 그림을 보고, □ 안에 알맞은 수를 쓰세요.

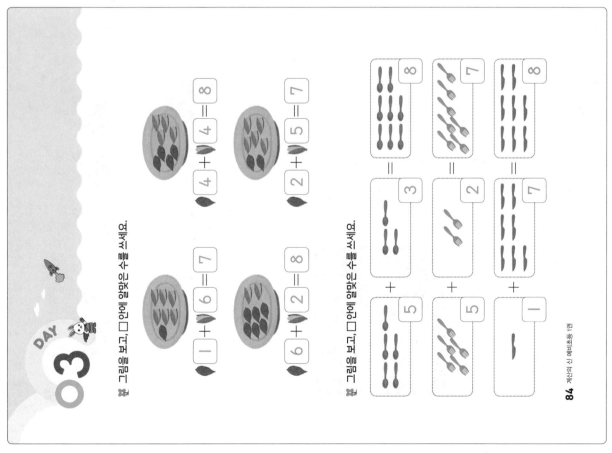

5 + 3 = 8
5 + 2 = 7
1 + 7 = 8

❄ 이어 세기를 덧셈으로 표현한 것을 보고, □안에 알맞은 수를 써서 식을 완성하세요.

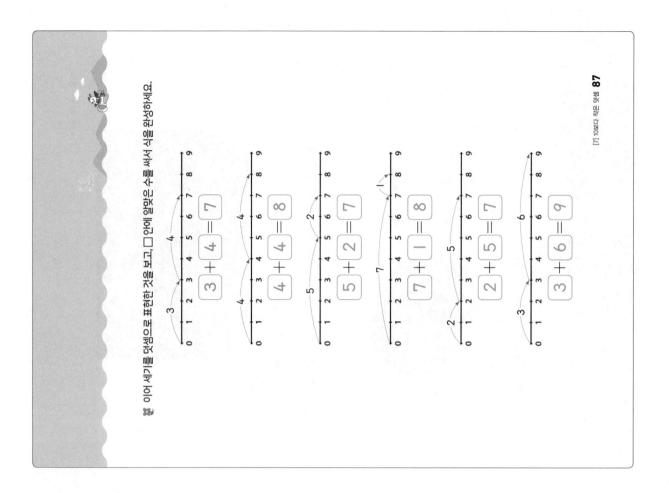

$3+4=7$

$4+4=8$

$5+2=7$

$7+1=8$

$2+5=7$

$3+6=9$

❄ 그림을 보고, □안에 알맞은 수를 쓰세요.

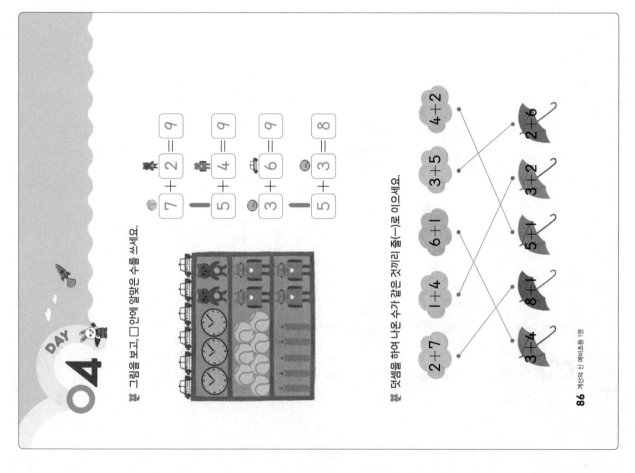

$7+2=9$

$5+4=9$

$3+6=9$

$5+3=8$

❄ 덧셈을 하여 나온 수가 같은 것끼리 줄(—)로 이으세요.

4+2   3+5   6+1   1+4   2+7

2+6   3+2   5+1   8+1   3+4

❄ □ 안에 들어가는 수가 적혀 있는 풍선을 찾아 색칠하세요.

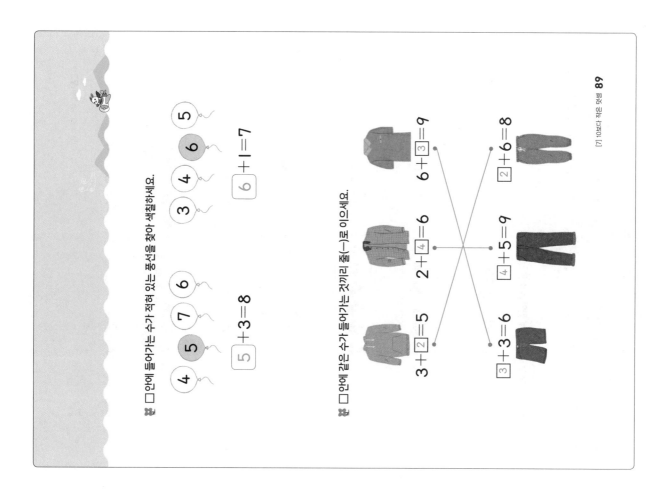

5 + 3 = 8

6 + 1 = 7

❄ □ 안에 같은 수가 들어가는 것끼리 줄(—)로 이으세요.

3 + 2 = 5   2 + 4 = 6   6 + 3 = 9

3 + 2 = 5   4 + 5 = 9   2 + 6 = 8   3 + 3 = 6

DAY 05

❄ 덧셈을 하여 나온 수가 같은 것끼리 줄(—)로 이으세요.

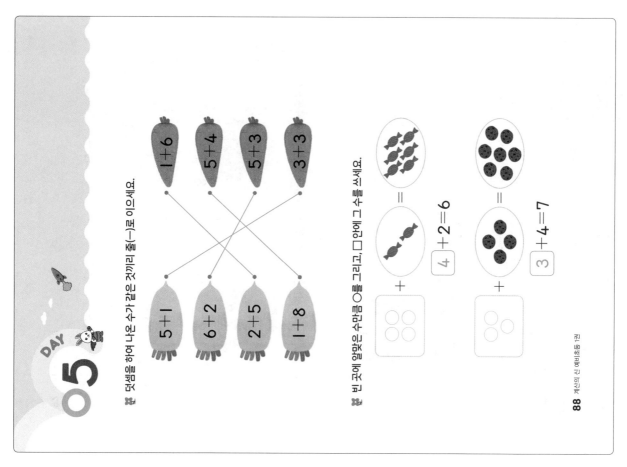

1+6   5+4   5+3   3+3

5+1   6+2   2+5   1+8

❄ 빈 곳에 앞뒤 양쪽 수만큼 ○를 그리고, □ 안에 그 수를 쓰세요.

4 + 2 = 6

3 + 4 = 7

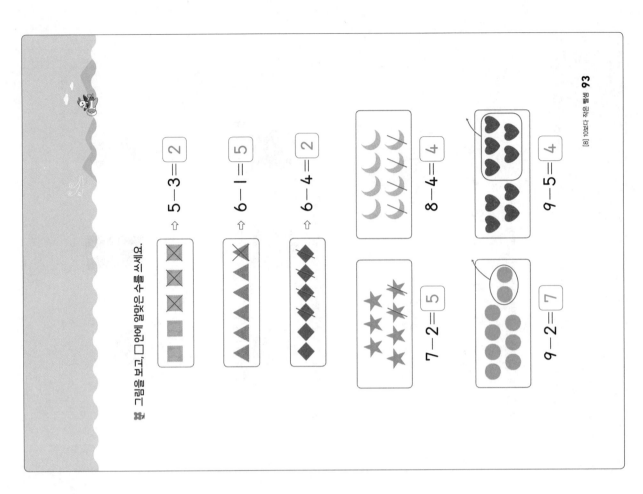

그림을 보고 □ 안에 알맞은 수를 쓰세요.

$5-3=2$

$6-1=5$

$6-4=2$

$8-4=4$

$7-2=5$

$9-5=4$

$9-2=7$

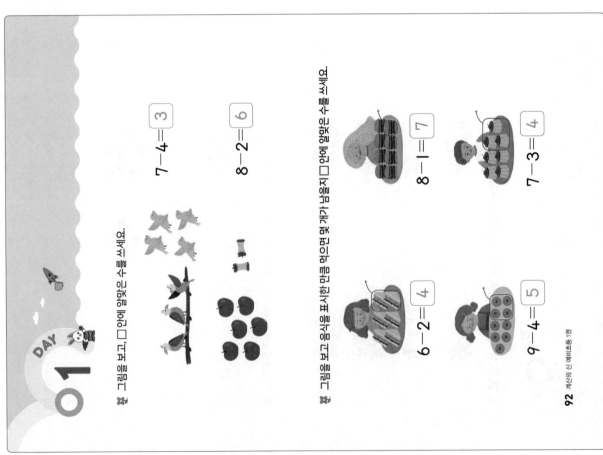

DAY 01

그림을 보고, □ 안에 알맞은 수를 쓰세요.

$7-4=3$

$8-2=6$

그림을 보고 음식을 표시한 만큼 먹으면 몇 개가 남을지 □ 안에 알맞은 수를 쓰세요.

$8-1=7$

$7-3=4$

$6-2=4$

$9-4=5$

✹ 그림을 보고 알맞은 수만큼 ○를 색칠하고, □ 안에 그 수를 쓰세요.

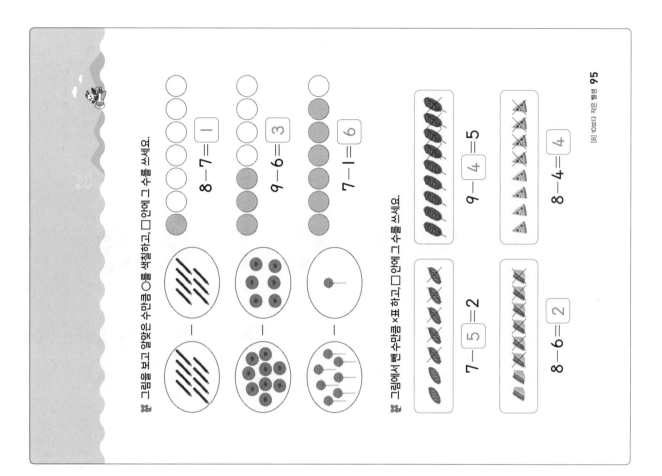

8-7= 1

9-6= 3

7-1= 6

✹ 그림에서 뺀 수만큼 ×표 하고, □ 안에 그 수를 쓰세요.

9-4= 5

8-4= 4

7-5= 2

8-6= 2

[8] 이와의 작은 문장

DAY 02

✹ 위에 있는 것이 아래에 있는 것보다 몇 개 더 많은지 □ 안에 알맞은 수를 쓰세요.

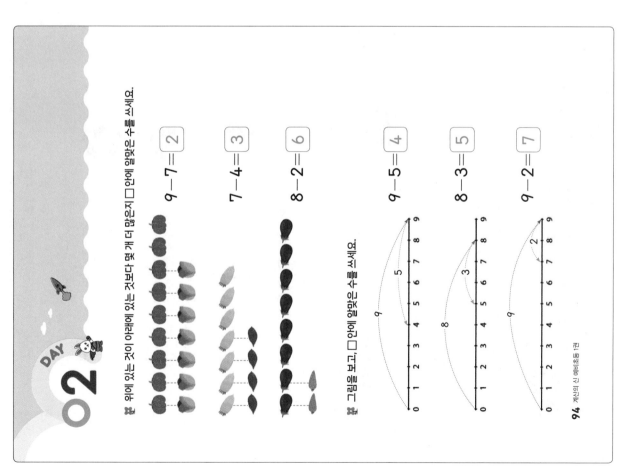

9-7= 2

7-4= 3

8-2= 6

✹ 그림을 보고, □ 안에 알맞은 수를 쓰세요.

9-5= 4

8-3= 5

9-2= 7

❋ <보기>와 같이 그림을 보고, □안에 알맞은 수를 써서 식을 완성하세요.

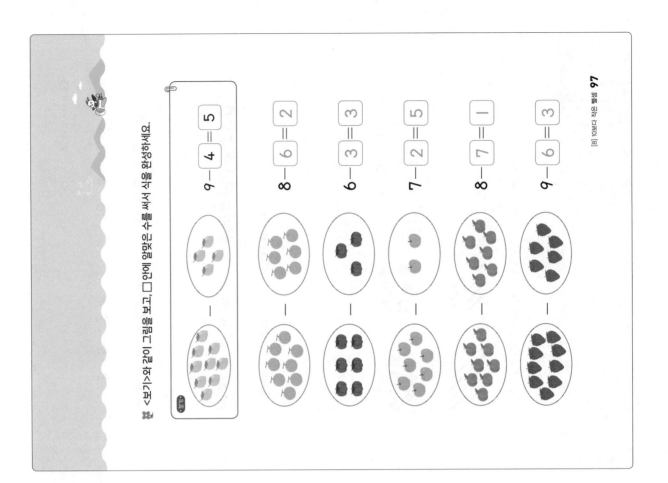

보기
$9 - 4 = 5$

$8 - 6 = 2$

$6 - 3 = 3$

$7 - 2 = 5$

$8 - 7 = 1$

$9 - 6 = 3$

---

03 DAY

❋ 그림을 보고, 뺄 수만큼 빈 곳에 ○를 그리고, □안에 그 수를 쓰세요.

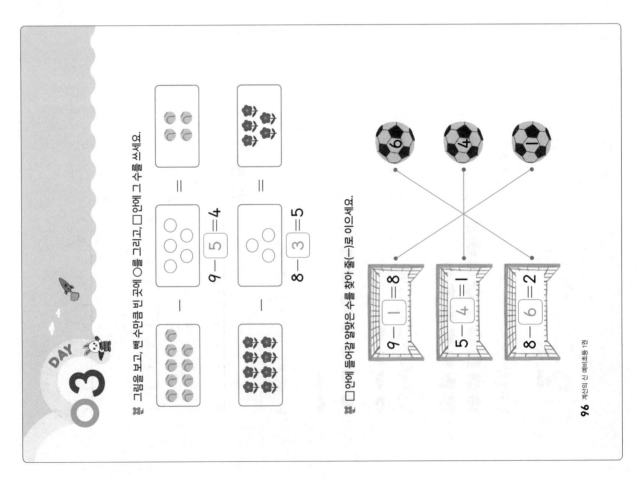

$9 - 5 = 4$

$8 - 3 = 5$

❋ □안에 들어갈 알맞은 수를 찾아 줄(—)로 이으세요.

6   4   1

$9 - 1 = 8$

$5 - 4 = 1$

$8 - 6 = 2$

그림을 보고, □ 안에 알맞은 수를 써서 식을 완성하세요.

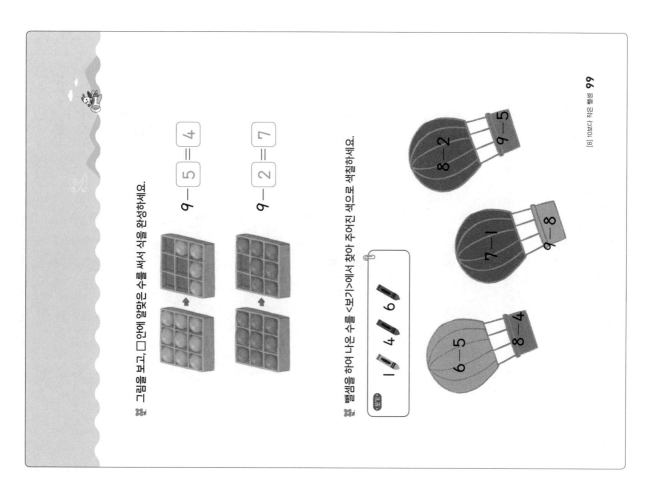

$9 - 5 = 4$

$9 - 2 = 7$

뺄셈을 하여 나온 수를 〈보기〉에서 찾아 주어진 색으로 색칠하세요.

〈보기〉 1 4 6

$8 - 2$

$7 - 1$

$6 - 5$

$9 - 5$

$9 - 8$

$8 - 4$

DAY 04

그림을 보고, □ 안에 알맞은 수를 쓰세요.

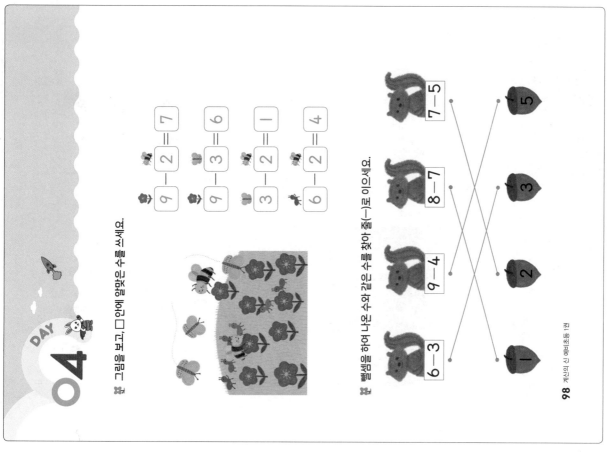

$9 - 2 = 7$

$9 - 3 = 6$

$3 - 2 = 1$

$6 - 2 = 4$

뺄셈을 하여 나온 수와 같은 수를 찾아 줄(—)로 이으세요.

$7 - 5$

$8 - 7$

$9 - 4$

$6 - 3$

5

3

2

1

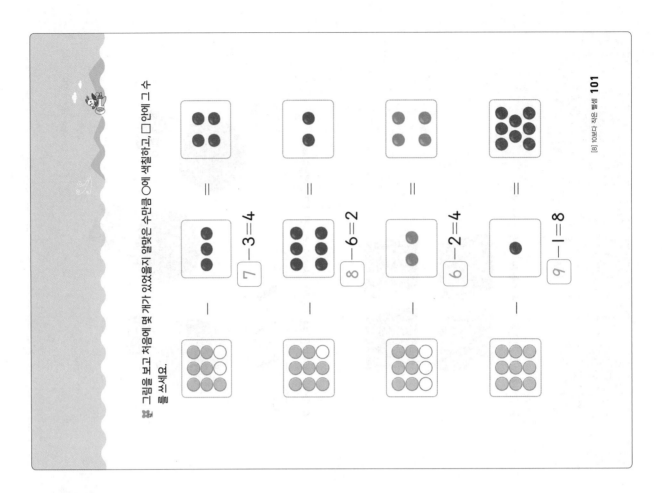

그림을 보고 처음에 몇 개가 있었을지 알맞은 수만큼 ○에 색칠하고, □안에 그 수를 쓰세요.

$7-3=4$

$8-6=2$

$6-2=4$

$9-1=8$

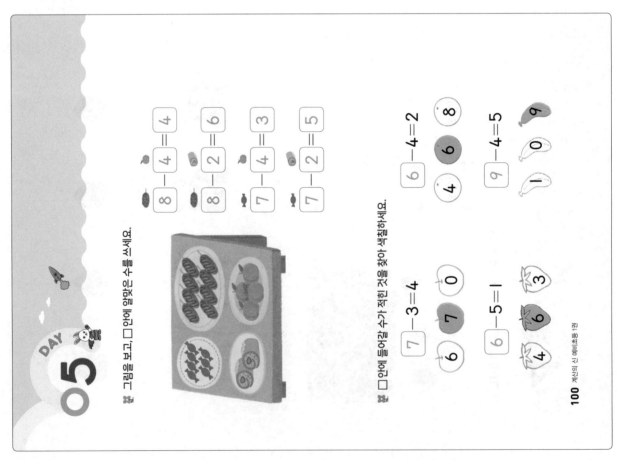

그림을 보고, □안에 알맞은 수를 쓰세요.

$8-4=4$

$8-2=6$

$7-4=3$

$7-2=5$

□안에 들어갈 수가 적힌 것을 찾아 색칠하세요.

$7-3=4$

$6-4=2$

$6-5=1$

$9-4=5$

초등학교 입학 전 익히는 수와 기초 연산

매일 두 쪽씩, 하루 10분 문제 풀이로 계산의 신이 되자!

			《계산의 신》 권별 핵심 내용	
예비 초등	1권	한 자리 수의 덧셈, 뺄셈	10까지의 수 한 자리 수의 덧셈, 뺄셈	
	2권	두 자리 수의 덧셈, 뺄셈	100까지의 수 두 자리 수의 덧셈, 뺄셈	
초등 1학년	1권	자연수의 덧셈과 뺄셈 기본(1)	합과 차가 9까지인 덧셈과 뺄셈 받아올림/내림이 없는 (두 자리 수)±(한 자리 수)	
	2권	자연수의 덧셈과 뺄셈 기본(2)	받아올림/내림이 없는 (두 자리 수)±(두 자리 수) 받아올림/내림이 있는 (한/두 자리 수)±(한 자리 수)	
초등 2학년	3권	자연수의 덧셈과 뺄셈 발전	(두 자리 수)±(한 자리 수) (두 자리 수)±(두 자리 수)	
	4권	네 자리 수/곱셈구구	네 자리 수 곱셈구구	
초등 3학년	5권	자연수의 덧셈과 뺄셈/곱셈과 나눗셈	(세 자리 수)±(세 자리 수), (두 자리 수)×(한 자리 수) 곱셈구구 범위에서의 나눗셈	
	6권	자연수의 곱셈과 나눗셈 발전	(세 자리 수)×(한 자리 수), (두 자리 수)×(두 자리 수) (두/세 자리 수)÷(한 자리 수)	
초등 4학년	7권	자연수의 곱셈과 나눗셈 심화	(세 자리 수)×(두 자리 수) (두/세 자리 수)÷(두 자리 수)	
	8권	분수와 소수의 덧셈과 뺄셈 기본	분모가 같은 분수의 덧셈과 뺄셈 소수의 덧셈과 뺄셈	
초등 5학년	9권	자연수의 혼합 계산/분수의 덧셈과 뺄셈	자연수의 혼합 계산, 약수와 배수, 약분과 통분 분모가 다른 분수의 덧셈과 뺄셈	
	10권	분수와 소수의 곱셈	(분수)×(자연수), (분수)×(분수) (소수)×(자연수), (소수)×(소수)	
초등 6학년	11권	분수와 소수의 나눗셈 기본	(분수)÷(자연수), (소수)÷(자연수) (자연수)÷(자연수)	
	12권	분수와 소수의 나눗셈 발전	(분수)÷(분수), (자연수)÷(분수), (소수)÷(소수), (자연수)÷(소수), 비례식과 비례배분	

엄마! 우리 반 **1등**은 **계산의 신**이에요.
초등 수학 100점의 비결은 **계산력!**

KAIST 출신 저자의
계산의 신 神

《계산의 신》 권별 핵심 내용		
초등 1학년	1권	자연수의 덧셈과 뺄셈 기본 (1)
	2권	자연수의 덧셈과 뺄셈 기본 (2)
초등 2학년	3권	자연수의 덧셈과 뺄셈 발전
	4권	네 자리 수/ 곱셈구구
초등 3학년	5권	자연수의 덧셈과 뺄셈 /곱셈과 나눗셈
	6권	자연수의 곱셈과 나눗셈 발전
초등 4학년	7권	자연수의 곱셈과 나눗셈 심화
	8권	분수와 소수의 덧셈과 뺄셈 기본
초등 5학년	9권	자연수의 혼합 계산 / 분수의 덧셈과 뺄셈
	10권	분수와 소수의 곱셈
초등 6학년	11권	분수와 소수의 나눗셈 기본
	12권	분수와 소수의 나눗셈 발전

매일 하루 두 쪽씩,
하루에 10분
문제 풀이 학습

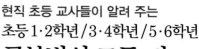

현직 초등 교사들이 알려 주는
초등 1·2학년/3·4학년/5·6학년
공부법의 모든 것

〈1·2학년〉이미경·윤인아·안재형·조수원·김성옥 지음 | 216쪽 | 13,800원
〈3·4학년〉성선희·문정현·성복선 지음 | 240쪽 | 14,800원
〈5·6학년〉문주호·차수진·박인섭 지음 | 256쪽 | 14,800원

★ 개정 교육과정을 반영한 현장감 넘치는 설명
★ 초등학생 자녀를 둔 학부모라면 꼭 알아야 할 모든 정보가 한 권에!

KAIST SCIENCE 시리즈
미래를 달리는 로봇

박종원·이성혜 지음 | 192쪽 | 13,800원

★ KAIST 과학영재교육연구원 수업을 책으로!
★ 한 권으로 쏙쏙 이해하는 로봇의 수학·물리학·생물학·공학

하루 15분 부모와 함께하는 말하기 놀이
룰루랄라 어린이 스피치

서차연·박지현 지음 | 184쪽 | 12,800원

★ 유튜브 〈즐거운 스피치 룰루랄라 TV〉에서 저자 직강 제공

가족과 함께 집에서 하는 실험 28가지
미래 과학자를 위한
즐거운 실험실

잭 챌로너 지음 | 이승택·최세희 옮김
164쪽 | 13,800원

★ 런던왕립학회 영 피플 수상
★ 가족을 위한 미국 교사 추천

메이커: 미래 과학자를 위한 프로젝트
즐거운 종이 실험실

캐시 세서리 지음 | 이승택·이준성·
이재분 옮김 | 148쪽 | 13,800원

★ STEAM 교육 전문가의 엄선 노하우

메이커: 미래 과학자를 위한 프로젝트
즐거운 야외 실험실

잭 챌로너 지음 | 이승택·이재분 옮김
160쪽 | 13,800원

★ 메이커 교사회 필독 추천서

메이커: 미래 과학자를 위한 프로젝트
즐거운 과학 실험실

잭 챌로너 지음 | 이승택·홍민정 옮김
160쪽 | 14,800원

★ 도구와 기계의 원리를 배우는
  과학 실험

서울시 영등포구 당산로 50길 3 꿈을담는빌딩 6층 | 전화 1544-6533 | 홈페이지 dreamybook.co.kr